LEICESTERSHIRE ⚜ ⚜ IN FRANCE

or the Field at Pau

ILLUSTRATIONS

d'après

ARSÉNIUS, E. JACQUE,

Bⁿ H. de VAUFRELAND.

✗ ✗ ✗ ✗ ✗ ✗ ✗ ✗

By the earl of HOWTH

Traduit de l'Anglais

par

THYA HILLAUD

Suivi de

Les P. H. Modernes

sous le Mastership de

C. H. RIDGWAY esq.

4° S ⚜

A PARIS

Librairie Cynégétique	Librairie A. LEGOUPY
✗	✗
A. NOURRY	CAPLAIN & VIDAL
✗	SUCCESSEURS
14, Rue Notre-Dame de Lorette	Boulevard de la Madeleine

1907

D'après un dessin d'Arsénius.

LEICESTERSHIRE

IN FRANCE

By the earl of HOWTH

Traduit de l'Anglais par THYA HILLAUD

I

Leicestershire in France

To the earl of HOWTH

Vous avez bien voulu m'autoriser, grâce à une démarche de notre ami commun, le docteur Bagnell, à essayer de traduire en Français votre livre si intéressant, intitulé « Leicestershire in France ».

Il m'a été tout à fait impossible de reproduire le charme humoristique de votre style, et toutes ces expressions si vraiment sportives dont votre ouvrage est rempli.

J'ai fait de mon mieux. Excusez-moi donc de vous envoyer une œuvre aussi défectueuse, pour le plaisir que j'ai eu, habitant Pau depuis déjà trois saisons, à lire votre livre et les descriptions si vraies que vous donnez du sport et du pays.

« Ed io anche cantava l'amore, non, la caccia a Vulpe ».
Your respectfully.

THYA HILLAUD.

alias C. DE SALVERTE.

Introduction

Quelques difficultés, des moments de paresse, et surtout une forte attaque d'influenza, m'ont empêché de finir ce petit récit sur Pau ; personne du reste, ne m'a aidé à le corriger. Il n'est pas destiné à être vendu et fourmille probablement d'erreurs de grammaire ; mais je vise ici la chasse et non la littérature et je puis dire avec Horace : *Nec cum venari vult ille Poemata pangas.*

Je n'ai pas pris part au sport de la dernière saison, mais j'ai été enchanté d'apprendre que le baron Lejeune, maître d'équipage, a eu énormément du succès.

Chacun a sa manière de voir, au sujet de la chasse du Renard ; et peut-être la mienne n'aura-t-elle pas toujours l'heur de plaire à tous mes amis de Pau.

Cependant, il leur faut se souvenir que, pendant mon année de maître d'équipage, tous ceux qui chassaient avec moi me témoignèrent leur satisfaction en renouvelant leur souscription et en se réunissant à soixante-dix pour m'offrir une pièce d'argenterie.

Ce dont je ne suis pas peu fier ; car s'il est d'usage de faire ainsi un cadeau au maître d'équipage qui a exercé pendant plusieurs saisons, il est très rare de le faire pour une seule année de mastership.

Leicestershire in France

or the Field at Pau

Y Y Y Y Y

PREMIÈRE PARTIE

S ı je me suis livré à quelques critiques sur la chasse de Pau, c'est que j'ai eu des rapports intimes avec cette localité que j'ai long-temps considérée comme mon quartier d'hiver ; et que je m'in-téresse beaucoup à sa fortune et à sa prospérité.

Une remarque que j'ai faite le printemps dernier, me force à expli-quer comment, à mon idée, Pau peut être dénommée la localité des « Occasions Manquées » malgré ses nombreuses attractions actuelles, et combien il serait facile de l'élever à la position de « Centre des sports de toutes les nations ». Il pourrait alors y avoir deux cents cavaliers sur le champ de chasse et autant de Steeple-Chasers sur notre hippodrome pendant la saison. Pour ce faire, on devrait construire de nouvelles villas, de nouveaux hôtels et de grands appartements dans la ville et aux environs ; mais l'énorme dépense qui en résulterait serait vite compensée par la véritable fortune que ce développement apporterait au commerce et à l'industrie de Pau.

Ces idées ne sont pas aussi stupides que l'on pourrait le croire, comme je vais essayer de le montrer : Il m'est arrivé de prendre part, comme pionnier, à des entreprises qui ont obtenu une célébrité uni-verselle ; mais là il ne s'agirait que de se conformer aux usages et manières de faire des meilleurs hommes de sport d'Angleterre. ›

Cacoëthe, dans ses écrits, critique beaucoup les masters anglais des Pau-hounds (moi compris).

Plus nous faisons du sport illégitime, plus quelques-uns d'entre nous ont le désir qu'il soit décrit dans les journaux et revues comme représentant la vraie chasse au Renard anglaise.

Je dirai ci-après pourquoi cela me semble impossible.

Venons au fait : Une meute, par souscriptions, dans n'importe quel pays, représente une compagnie d'actionnaires, et les détails de son administration sont ouverts à toutes critiques ou commentaires. En Angleterre, nous remarquons très fréquemment que ceux qui critiquent le plus sévèrement l'administration d'une chasse en sont les propres membres.

Les petits détails de cuisine (si l'on veut bien me permettre cette expression), ne seront peut-être pas du goût de quelques personnes ; mais qu'elles se souviennent que ce sont les détails qui sont précisément l'objet de tous les commentaires sur la chasse à courre et à tir, et sur la pêche ; la liberté de critique restant toujours entière. Il n'est même pas interdit de caricaturer ce que l'on fait. Par exemple : « La chasse de Surrey » est jugée sévèrement par Jorrock ; les drags Américains sont l'objet de critiques ridicules dans les revues courantes. Mais un M. F. H. qui lance des renards captifs et laisse croire au public qu'ils sont sauvages, n'est généralement pas sympathique.

Je me souviens d'avoir vu, il y a quelques années, dans les vitrines de Pau, une série de caricatures représentant des « Bagged reynards » que le Maître faisait passer pour des sauvages.

Il me semble que je puis être qualifié pour causer chasse, car j'ai à mon actif trente-cinq saisons, tant en Angleterre qu'en Irlande.

Comme jeune homme, j'étais Maître d'Equipage de Kilkeny en Irlande. Mes prédécesseurs étaient très expérimentés dans la science de la chasse, et se montrèrent généreux de conseils à mon égard.

L'un d'eux disait, lorsque j'eus terminé mes cinq années de Mastership, qu'il était bien dommage de me voir renoncer à la meute, « au moment où je commençais à savoir quelque chose de l'affaire ». Malheureusement, ma santé devint si mauvaise en 1877, que je dus m'arrêter, sur les conseils du médecin. C'est en cette même année 1877, que je commençai mes expériences sur la chasse de Pau et mes observations iront jusqu'à la fin de 1892.

Il y a beaucoup de gens, dans notre société de Chasse à Pau, qui ne connaissent pas la chassé au renard sauvage, telle qu'elle se pratique en Angleterre, sans quoi ils l'apprécieraient fort.

Le maître devra d'abord avoir un bon huntsman, qui sera chargé de conduire la meute dans les couverts ; mais, si comme en Angleterre, vers la fin de la saison 1892-93, les meutes se montraient vite essoufflées, à cause de la chaleur torride qu'il fit, cette année-là, il ne faudrait pas trop en vouloir au maître d'équipage.

Il y a beaucoup à compter avec les phases de la nature dans le sport aux renards sauvages. En effet, si le mauvais temps empêche les chiens de trouver la piste, et si le renard n'est pas bon ou s'il est incapable de courir, les maîtres n'en pourront évidemment pas être responsables.

Dans la chasse artificielle, telle qu'elle se pratique à Pau, le maître, par la constitution et les règles de la « Chasse », n'est en quelque sorte que l'arbitre du sport fourni.

La catégorie des chiens choisis, leur vitesse (c'est-à-dire la rapidité avec laquelle ils trouvent la bonne piste), les haies et barrières à sauter, la distance à parcourir, en un mot, tous les détails, sont sous son contrôle.

La contrée de Pau, par ses sinuosités, rend la vraie chasse aux renards sauvages presque impossible, quoique des renards captifs soient pris souvent dans le pays même ou ses environs.

Le choix du pays où on lâche les renards impose des responsabilités qui nuisent au caractère du sport.

On voudrait chasser des renards sauvages ; mais il est très difficile de les rencontrer dans les endroits couverts, et le grand nombre de terriers qui s'y trouvent rendent le « Shewing Sport » vraiment très précaire.

Depuis longtemps, quatre nations : les Anglais, les Français, les Américains et les Irlandais, mes compatriotes, se rencontrent à la chasse à Pau.

L'Angleterre est le centre de la chasse au renard ; et pour rendre ce sport populaire, il suffit à une contrée de remplir les conditions suivantes : de bons obstacles (peu importe leurs dimensions) ; un terrain où l'on puisse bien voir les chiens, où les chevaux galopent facilement ; enfin un pays où il y ait des barrières et des petits sentiers qui permettent de passer.

> « Here troops of kniths and Barons bold
> « In robes of peace high triumphs hold. »

Ces avantages se trouvent dans les pays d'herbe. Quelle magnifique assemblée trouve-t-on alors à ses rendez-vous, toute l'aristocratie y est représentée.

Par contre, un pays tout couvert de taillis, de buissons, où les haies sont épaisses, où l'on a une difficulté continuelle à avancer, où l'on ne peut observer les chiens, est détestable pour ce sport et ne peut plaire qu'à ceux qui l'habitent.

On a eu un exemple de l'impopularité d'un terrain de chasse ainsi fait, lorsqu'à la mort de feu Lord Portsmouth, le pays de Eggesford est devenu vacant.

On chercha un vrai chasseur ; mais aucun ne consentit à remplir cette tâche car le pays était des plus mauvais à traverser ; et ce, quoique les meilleures meutes d'Angleterre fussent à sa disposition.

La nation anglaise a le plus grand goût pour la Chasse et l'Equitation.

Les jeunes gens aiment passionnément prendre un galop dans un bon pays, pourvu qu'il y ait de bons obstacles, dont les dimensions importent peu.

Cependant, avec la « Chasse à Pau », ils seront jour par jour, semaine par semaine, et même mois par mois, sans jouir d'un galop. Il arrive même parfois, qu'allant à la vitesse d'un drag, ils se heurtent à une fausse piste. Mais ils n'en continuent pas moins leur poursuite favorite et se consolent en murmurant...

Les Anglais n'aiment pas une exhibition inutile ou une perte de force si cela n'en vaut pas la peine ; et des cavaliers étrangers, aussi durs soient-ils, regardent les sauts superflus avec mépris, si la chasse n'est pas là.

Je me rappelle qu'une fois, sortant avec la meute de « South Warwickshire », je vis, au moment où les chiens allaient fouiller un couvert, un monsieur descendre de son cheval, le conduire par la bride pour passer un fossé large de deux pieds.

Quelques semaines plus tard, je lus dans un journal le compte-rendu d'un saut fait par lui par dessus un large fossé plein d'eau, et tout de suite après, sur de grosses barrières très hautes, au cours d'une chasse qui partait d'Oxhill Gorse.

Avec la même meute, près de Banbury, les chiens fouillaient quelques couverts dans le parc d'un gentleman, et j'étais à cheval en compagnie d'un ami qui n'aimait pas à courir des risques inutiles. A côté de nous passait un ruisseau dont les bords descendaient en pente vers l'eau, et c'était précisément un obstacle qu'il aurait considéré comme très désagréable à la chasse ; mais, tout à coup, il entendit une cloche qui sonnait au château ; et, à mon grand étonnement, il franchit ce ruisseau d'un bond.

Plus tard je lui demandai pourquoi il avait montré une telle intrépidité et il me répondit qu'il avait entendu sonner pour le déjeuner ; or, comme il avait l'impression qu'il n'y avait pas grand chose à manger, qu'il n'y en aurait pas pour tout le monde de la chasse, et comme il avait grand faim, il avait passé par le plus court chemin afin de pouvoir satisfaire son estomac.

Lorsqu'on poursuit une bête sauvage, à Pau, à travers un terrain accidenté, dans les Milahs des Indes, les précipices et les rochers, ou bien encore à Gibraltar, le jeune Anglais montre beaucoup d'énergie ; mais le sport artificiel n'a pour lui aucun attrait.

Après un examen minutieux du caractère sportif de l'Anglais, je suis convaincu que les Anglais sans exception n'aiment pas le sport artificiel de Pau, sauf dans quelques endroits choisis.

Les Anglais sont des sportman francs et charitables ; ils ne jalousent pas des cavaliers médiocres qui ont la chance, à l'aide des routes et des lignes de barrières, d'être présents pendant ou à la fin d'une bonne chasse. Bien souvent il arrive que le cavalier sagace voit beaucoup plus du sport et des chiens, que la moitié des chasseurs qui sautent consciencieusement (ou essaient de sauter) tous les obstacles qui se trouvent sur leur passage.

Dernièrement à Tattersall, j'ai consulté un ancien sportsman, de mes confrères, au sujet de l'achat d'un très bon sauteur pour l'hiver suivant à Pau, et j'ai reçu ce reproche : « Ne quittez pas les chemins et faites-vous ouvrir les barrières ; imitez-moi, car remarquez bien que, plus vous sautez d'obstacles, plus vous serez loin de la chasse ».

Je reviens à la France et à sa manière de chasser. Les animaux de chasse à courre sont : le cerf, le sanglier et le lièvre que l'on poursuit dans beaucoup de pays avec autant d'apparat et de science qu'en Angleterre ; mais on cherche à forcer la bête qui n'est tuée qu'après une longue poursuite.

Les Français n'ont pas l'occasion de sauter des haies et des talus ; le pays étant généralement découvert et sans clôtures. Cependant leur manque d'habitude des obstacles ne les a pas empêchés de donner un grand essor à la chasse de Pau d'autrefois entre 1860 et 1874.

Les caractéristiques du sport de cette époque étaient tout à fait conformes aux idées françaises et anglaises, et nous trouvons déjà un Comité de chasse de 10 membres ; dont cinq Français, trois Anglais, un Américain et un Irlandais.

Au point de vue numérique, la chasse n'a jamais été plus prospère. A la même époque, on a vu une assemblée de 114 cavaliers, à la chasse d'Andoins, et 40 sportsmen en habit écarlate cheminant sur la route de Tarbes pour se rendre à la chasse. Depuis lors, l'esprit sportif Français s'est développé énormément.

L'élevage des chevaux d'obstacles ne s'est pas seulement amélioré, mais a augmenté considérablement, par suite de l'encouragement donné au « Steeple Chasing » qui a formé de nombreux « Gentlemen riders ».

A présent, un grand nombre d'amateurs et d'officiers français montent assez bien pour suivre la chasse dans n'importe quel pays. Les Gentlemen Français ont beaucoup de peine à trouver des chevaux de chasse capables de les porter, sur les rudes obstacles de ces dernières années. L'Anglo-arabe, né dans le pays, et le cheval de pur sang, élevé en France, ne peuvent guère leur être utiles, sauf toutefois pour quelques cavaliers de première classe, tels que M. W. Thorn qui arrive très bien à les faire marcher derrière les chiens.

Nous reviendrons sur ce sujet, mais il est certain que M. Larregain et d'autres loueurs de chevaux de chasse, avaient beaucoup de chevaux de chasse du pays à louer dans leurs écuries, et que depuis la création du régime nommé le « New Departure » de 1885, les loueurs français et les chevaux français ont presque tous disparu. A présent, M. Larregain est obligé d'aller chercher tous les ans en Irlande des chevaux de chasse, pour garnir ses écuries ; et de ce fait, il a augmenté ses prix de louage.

De plus, le cheval irlandais expérimenté par une saison de chasse est de si grande valeur pour un sportsman qui n'a pas l'habitude de la chasse à Pau, qu'il devient de plus en plus difficile à acheter au premier abord.

Un voyage en Irlande pour en acheter un, n'est pas très agréable pour un gentleman qui sait à peine la langue et ne connaît pas les habitudes des marchands de chevaux du pays.

Les Anglais et les Français sont tout à fait d'accord dans leurs façons d'envisager le sport artificiel et pour le choix du pays où devrait se passer ce sport. Ils sont mûs par les mêmes sentiments, par la même joie, lorsqu'ils voient courir devant eux une meute. Aussi comment la voix des chiens ne réjouirait-elle pas et le cavalier et le cheval !

Exception faite de quelques chasseurs de renards, il est curieux, comme en général, l'amour du cheval, de ses performances sur les obstacles et la satisfaction de battre un rival, sont le plaisir souverain de la chasse pour presque tous les sportsmen irlandais.

On n'a qu'à assister aux courses de Prenchestown, ou au concours hippique de Dublin, si l'on veut voir la passion qu'a la moitié de l'Irlande pour les sauts des chevaux.

Les Irlandais ont une très grande adresse pour apprendre à sauter aux chevaux ; ils aiment à les dresser sur les obstacles et ont un sang-froid admirable.

Comme il est très agréable, lorsque les chiens courent vite, d'arriver en même temps qu'eux sur la ligne ; lorsqu'on n'arrive pas parmi les premiers, il y a toujours quelque prétexte à placer, et en rentrant de la chasse, la conversation se déroule avec intérêt sur les performances du cheval.

Quand j'étais jeune, j'étais comme les autres, il faut l'avouer ; et je me souviens qu'une fois, à la chasse, en Angleterre, ayant oublié de mettre des éperons, je vis arriver à cheval, à l'improviste, un de mes amis, avec qui j'aimais à concourir pour la première place. Quelqu'un qui était derrière moi, affirma m'avoir entendu m'écrier : « Tiens, voilà S... et j'ai oublié de mettre des éperons ».

L'idée que les « Point Riders » (1) puissent partager le plaisir de voir la chasse, rend fous la majeure partie des chasseurs irlandais comme je le dirai plus bas.

Il y a quelques années M. S... vint en Leicestershire avec une écurie de chevaux irlandais, et y produisit tout de suite l'impression d'un véritable sportman.

Un snob de Melton Mowbray lui ayant demandé comment il aimait le pays : « Monsieur, répliqua-t-il sèchement, Leicestershire serait un bon pays pour la chasse si on fermait toutes les barrières ». Ainsi, faisait-il sous-entendre que les plaisirs de la chasse étaient beaucoup diminués par la présence de ceux qui n'osaient pas passer carrément

---

(1) Point-Riders se dit en France : Chasseurs au parti.

dans tous les endroits où passaient les chiens, mais qui prenaient des chemins ou se faisaient ouvrir des barrières.

Il y a déjà une trentaine d'années, à la fin d'un beau parcours avec la meute de Kildare, j'ai entendu dire par M. G..., en voyant quelques cavaliers peu perçants, qui après avoir suivi étaient cependant arrivés à temps pour voir la mort du renard : « Je vous dis que c'est honteux, vraiment honteux, de voir ces hommes qui n'ont jamais quitté la route, arriver maintenant avec nous qui avons supporté toutes les fatigues de la journée ».

Comme Master of Kilkenny Hounds, j'avais la ferme résolution de me débarrasser de tous ces gens-là ; et quand nous chassions aux confins du Comté de Tipperary, je laissais au rendez-vous une meute de change, pendant que nous filions à bas bruit avec une seconde meute. Mais je fus honni pour ce fait.

Il m'arriva cependant une fois l'aventure suivante : le renard étant lancé, au moment où il débûchait, je trouvai un invité, M. Sovereigne Hunt, qui avait pris la tête et galopait en avant. En arrivant à lui, je m'apprêtais à lui faire le sermon habituel sur les devoirs des invités, lorsqu'il me dit : « Sotto voce » ; « Ne m'arrêtez pas, pour l'amour de Dieu, je cours après mon argent ».

Il voulait me dire qu'il avait parié qu'il serait pendant la chasse devant un ou plusieurs de ses amis.

Sa demande était si drôle que je lui répondis : « Allez-y, Hunt », et me retournant vivement je mis mon cheval au petit trot.

Il n'était pas homme à ne pas comprendre l'avantage que je lui faisais ; aussi m'exprima-t-il sincèrement sa gratitude lorsque nous nous rencontrâmes plus tard dans la journée.

La société américaine a depuis longtemps beaucoup fréquenté la chasse de Pau, et MM. Livingstone, Tiffany, G. Bennett, Burgess, Wenthrop et Thorn, de cette nationalité, ont rempli les fonctions de Masters of the Pau hounds.

Je peux témoigner pour mon compte que sous la direction des quatre derniers de ces Messieurs, les lignes de drags ont toujours été faites sur un bon pays de sport.

Les Américains, dans ces dernières années, ont donné plus d'argent que toutes les autres nations au « Hunt » ; c'est à eux que l'on doit aussi les nouveaux chenils et l'installation du téléphone sur plusieurs milles de longueur.

L'Amérique est un immense territoire ; la chasse légitime n'y existe pas, telle que nous la comprenons ; aussi des drags sur les lignes de barrières très solides sont-ils ce qu'il y a de mieux comme sport, car, soit dit sans manque de respect, ils « chassent pour monter », comme c'est le cas des Irlandais, mes compatriotes.

Il n'y a pas une nation qui apprend aussi vite à monter dans un pays ; nous voyons tous les jours des jeunes Américains, arrivant à Pau, après quelques leçons particulières de M. Larregain, se mettre immédiatement à monter dans les drags.

Beaucoup d'entre eux qui venaient du Far-West, ont montré qu'ils étaient des artistes de tout premier ordre à la chasse sur la piste. Pendant longtemps, on a pu dire que les deux cousins, le feu M. Torrance et M. Thorn, étaient les meilleurs gentlemen riders qu'il y eut alors en France sur les obstacles.

Ce qui précède n'est pas dit pour diminuer en rien le mérite des sportsmen des autres nations, qui tous ont pu très vite s'habituer au pays et y prendre goût, malgré les difficultés qu'on y rencontre. Mais ces gens-là, pour la plupart, n'avaient jamais eu l'occasion de chasser les animaux sauvages avec une meute, et c'est dans l'intérêt de la « Chasse de Pau » que je désire donner ici ces caractéristiques de la chasse au renard sauvage, surtout en ce qui concerne la voie, la voix des chiens et la nature du pays où l'on galope, telles qu'elles sont, de l'avis général des sportsmen. Car c'est l'opinion générale qu'il faut consulter, si l'on veut voir augmenter les partisans de la chasse.

Sans entrer dans des détails, il est à remarquer que, si l'on prend les chiffres donnés par les journaux de Pau, pendant ces dernières années, on s'aperçoit que le nombre moyen de gentlemen qui chassent du 1er novembre au 1er avril, est très petit, par rapport à la décade de l'année 1884 précédant l'institution du nouveau régime.

Pour faire face au déficit, les souscriptions individuelles ont été énormément augmentées. La caution de 1,600 francs donnée au maître d'équipage en 1892-1893 a été, je crois, élevée à 2,000 francs. Autrefois les Maîtres d'équipage avaient une responsabilité pécuniaire, mais sous les administrations de MM. Livingstone, Tiffany, J. Stewart, G. Bennett et de moi-même, aucune garantie ne leur était donnée ; et le master en était toujours de sa poche.

Voici un léger aperçu historique des origines de ce sport :

En l'an 1840, Sir H. Oxenden, un gentleman anglais, amena une meute

de première classe et un grand nombre de chevaux au château d'Aureilhan près de Tarbes. Je sais par les renseignements que m'a donnés,
viva voce, son ancien wip, Dupont, qu'il y avait alors énornément de
renards dans le pays et qu'il sortait quatre fois par semaine. Il démis-
sionna au bout de trois ans. En 1842, MM. Cornwal et Standisch, qui
habitaient Pau, établirent un chenil à Bordes, qui se trouve à mi-
chemin entre Tarbes et Pau et à 10 milles de distance de cette dernière
ville. Ils chassaient le renard sauvage ; mais c'est toujours dans les
environs de Tarbes qu'on en trouvait le plus.

Les renards ayant diminué, les chiens avaient de la peine à en
trouver ; mais plutôt que d'avoir recours aux renards captifs,
M. Standish me dit avoir abandonné le poste de Maître d'équipage. Après
cela, quoique très lié avec son successeur, il refusa de sortir avec lui
parce que le sport légitime n'était pas régulièrement suivi. Le vieux
Dupont m'a raconté qu'étant huntsman, la première fois qu'il reçut
l'ordre de chasser un captif, il dit à son maître, les larmes aux yeux :
« Frappez-moi, Monsieur, sur les deux joues, mais ne me commandez
pas de chasser ce renard de sac avec la meute ».

La vraie chasse au renard, telle qu'elle se pratique en Angleterre,
se termine donc à cette époque. Il y a à cela plusieurs raisons : d'abord
les vastes étendues de genêts épineux, d'ajoncs et de touyas qui
existent autour de Pau, et où il est absolument impossible de penser à
jamais trouver des renards ; et deuxièmement le nombre de terriers
énormes qui offrent trop de refuites aux renards et où ils rentrent se
cacher immédiatement. Néanmoins le département des Basses-Pyrénées,
que ce soient les montagnes ou la plaine, est exceptionnellement propice
à la multiplication des renards comme en témoignent les nombreuses
traces qui en restent. Pendant cette première période, la chasse a dû
beaucoup de son succès aux efforts infatigables de M. Manescau, l'honorable secrétaire de la chasse.

Après lui, mon vieil ami M. J. Stewart a rendu des services inappré-
ciables pendant de longues années. Son talent diplomatique lui assurait
le bon vouloir des propriétaires. Il a su décider la ville à offrir une
grande souscription, il a fait le règlement de la chasse, en a formé un
code et a publié une carte. Ses comptes, pendant qu'il était maître
d'équipage, sont des modèles d'économie et de parfaite administration.

Il était un sportsman ardent, mais nous n'avons jamais eu les
mêmes idées sur la chasse au renard sauvage.

Il m'a été impossible d'avoir un compte rendu authentique du nombre des sportsmen suivant la chasse pendant cette période.

Pendant l'hiver de 1863, je crois, j'eus l'occasion de rester un peu de temps à Pau, et je puis attester combien on s'amusait au grand cercle de la chasse.

La vraie chasse au renard ayant cessé, le sport passait par deux phases : 1° le drag ; 2° la poursuite du renard sauvage ou captif.

En 1864, M. Alcock, un gentleman irlandais et un vrai sportman, fut choisi comme maître d'équipage et amena avec lui une meute de petits chiens, qui avaient dans leurs veines un peu de sang de lévrier. Le vieux Gentil, maintenant piqueur chez Larregain, prit la place de huntsman ; et au point de vue numérique, le sport eut un gros succès ; car comme Gentil l'affirme, il y avait souvent cent cavaliers dehors à chaque journée de chasse.

On chassait trois fois par semaine « un joli drag » et à la fin on lâchait un renard devant les chiens (renard pris peu de temps avant par Gentil lui-même). Il raconte que comparativement à ce qu'il en reste actuellement, il y en avait beaucoup dans le pays à cette époque.

Cette meute criait bien ; et sa façon adroite de chasser paraît avoir donné une très vive satisfaction aux partisans français de la chasse. Nous avons eu un autre exemple de ce genre, il y a déjà quelques années, lorsque feu Lord Lonsdale chassait des renards captifs avec une meute de chiens nains, c'est là que j'ai entendu dire que c'était « le meilleur sport » des environs de Londres. Goodhall, le huntsman de Belvoir, dans ses lettres à Lord Forester (voir Baily's Magazine) fait allusion à ces procédés illégaux, dans des termes plutôt agressifs.

C'est cependant un fait que cette petite meute de M Alcock composée de chiens de Galles et du Nord de l'Angleterre, était capable, même après un drag, de chasser et de tuer les plus forts renards du Béarn (du moins si l'on s'en rapporte aux annales de sport publiées à la fin de chaque saison).

En 1875, M. Tiffany accepta le poste de Maître d'équipage et amena avec lui une forte meute de chiens Anglais. On avait le plus grand espoir d'avoir un bon sport, mais un triste et fatal accident qui arriva à M. Storey (1), grand ami de M. Tiffany, le bouleversa tellement

---

(1) Il se tua sur une barrière que l'on ouvrit au moment où son cheval prenait son élan pour la sauter. (Note du traducteur.)

qu'il résigna ses fonctions ; et M. Stewart prit sa place. Le Major Cairns vint après, et, pendant deux ou trois saisons, on eut dans un pays assez beau, des drags rapides, au bout desquels on lâchait un renard de sac.

Pendant la dernière saison (1876-77) du Major Cairns comme Maître d'Equipage, je suis venu à Pau, car j'étais encore un peu souffrant. Le premier jour de la saison régulière, le rendez-vous était à « Billère » près du Golf Links. Dès le commencement de la chasse, le pauvre Major, qui la menait, passa sur un pont de bois ; son cheval s'abattit, et, en tombant, le Major se cassa la clavicule. Pour une constitution aussi délicate que la sienne, l'accident fut très grave ; et il s'alita pendant un laps de temps considérable. M. Burgess prit sa place. A ce moment les chiens se composaient en grande partie de la fameuse meute de Lord Pollimore, plus un lot qu'il avait acheté au Major Browne, le frère du vrai bon sportsman qui résida si longtemps à Pau.

Au commencement de la saison, en Novembre, nous eûmes des champs considérables. Les chevaux étaient très nombreux, presque tous français sortant de chez Larregain. Les meilleurs furent : Capitaine III, Trente et Quarante, Cadet, le Sahib, Gris, etc...

Le Vicomte d'Antichamp, M. Fessard et d'autres gentlemen montaient des pur-sang capables d'un bon galop sur les lignes de drag.

Je fus témoin d'un incident remarquable. Le rendez-vous était dans le pays de Bordes et sur la haute plaine qui domine la ville ; la graine d'anis était couchée. Les conditions atmosphériques indiquaient que la neige n'était pas loin car il en tombait des flocons de temps en temps ; bientôt elle couvrit la terre d'un manteau blanc qui descendait du haut en bas des Pyrénées.

A ma grande surprise, la meute dont je n'avais jamais entendu la voix au drag, se mit à chasser en se récriant du plus haut.

L'influence de la neige dans l'air (1) peut seule avoir créé cette impulsion subite sur une piste artificielle que les chiens couraient habituellement à la muette.

Quand le Major Cairns se retira, à la fin de la saison, j'eus l'honneur d'être élu à sa place, et, pour la troisième fois, un membre de l'Union Ward administra la chasse de Pau. Je dis cela, car je suis propriétaire de l'énorme masse de prairies où feu Lord Howth, mon père, chassait

---

(1) Ce n'est pas la neige dans l'air, mais la neige tombée. (Note du traducteur.)

avec ses propres chiens, avant l'établissement du « Ward Staghunds » dans le comté de Dublin.

De très larges fossés, des talus, et des passages de routes fantastiques, tels que la rivière de Ward, « The Loch of the bay », Kilruc double, les terribles clôtures qui entourent la ferme d'Aungier, Bush farm, Mearing fence, etc... donnent à ces prairies une caractéristique spéciale.

Il fut un temps où j'employais toute mon énergie à passer par dessus ces formidables obstacles.

Comme maître d'Equipage du Pau Hunt, je désirai surtout rendre le sport abordable autant que possible à tous les cavaliers des différentes nationalités représentées à la chasse ; je regardais le novice qui montait un bidet de louage avec autant de sympathie que le meilleur cavalier.

Chacun de ceux qui payaient leur quote part avaient droit à en avoir pour leur argent.

Les chiens du drag couraient très vite quand c'était nécessaire et ils étaient en très bonne forme, mais ils étaient difficiles à dresser, (même à prix d'argent), avant leur envoi à Pau.

J'ai horreur d'une meute muette.

La voix des chiens est pour beaucoup dans le plaisir de la chasse ; car les cavaliers, qui ne peuvent se tenir au premier rang, ont ainsi une indication de la ligne. Mes whips avaient aussi des sifflets aigus et le huntsman reçut l'ordre de corner souvent dès qu'il était dans les bois et dans les endroits où il était difficile d'apercevoir les chiens. C'est moi aussi, je crois, qui ai inventé l'arrêt pendant le drag, afin de donner au cavalier vaincu, une chance de jouir encore du sport.

Les cavaliers fidèles à la route, qui sautaient rarement une barrière, ne furent pas oubliés. Les différents points du drag étaient donnés par écrit, au rendez-vous, à M. Piquard ou à d'autres qui connaissaient parfaitement le pays ; il suffisait donc de rester près d'eux pour voir le drag.

J'ai cherché un huntsman anglais capable, et j'ai trouvé en Tom Hasting la personne désirée (sauf qu'il avait la poitrine très délicate).

Ce fut un excellent huntsman ayant une grande connaissance des chiens et de la chasse. Il avait déjà sonné du cor avec la meute de South Wariekshire et ailleurs, mais à cette époque, il sortait de chez le colonel Austruther Thompson, en Ecosse, un des hommes les plus compétents qu'il y eut alors dans cette belle science de la chasse à courre. Quand il gelait trop longtemps, le colonel sortait ses chiens dans la neige, et à pied bien entendu. Hastings qui avait de courtes jambes et qui marchait comme une cane, était obligé de se forcer pour suivre. Il se brisa un vaisseau sanguin, ce qui le força à passer l'hiver dans un climat plus doux où il put faire le travail de whip ou d'inspecteur de chenil.

La meute était composée de 54 couples de chiens de diverses origines qui composaient l'ancienne meute de Pau.

Je la renforçais avec 12 couples que Lord Spencer, Maître d'équipage de Pytchley, avait bien voulu m'envoyer. En outre Sir R. Graham, qui quittait la direction de l'équipage de New Forest, m'avait aussi cédé 12 couples.

Avec Hastings qui portait le cor, je pus donc en confiance me livrer à mon sport favori de la chasse au renard.

Je n'en voulais rien dire, car Dieu sait combien mes essais de chasse artificielle furent stériles et je n'ai jamais pu avoir le courage de faire passer des captifs, bien enduits d'odeur, pour des animaux sauvages. Tous les chasseurs anglais seront de mon avis, quand je dis combien il est difficile pour une meute anglaise bien dressée de chasser un jour un ou plusieurs captifs dont l'odeur naturelle a été augmentée artificiellement, et, le lendemain, un renard sauvage ; surtout un jour où la voie est médiocre ou tout à fait mauvaise.

Voilà ce que les membres de Pau devraient envisager, avant de me juger.

On se plaignait que le train des chiens fut trop lent. Ils étaient cependant assez vites, car Charly Brendly, Maître d'Equipage du Nord Staghounds, fut si satisfait des élèves que je lui envoyai qu'il m'écrivit qu'il m'en prendrait tant que je voudrais.

Pour une cause ou pour une autre, les renards, cette année-là, n'ont pas très bien couru. Masset, le preneur de renards, ne nous en a fourni aucun du pays, et nos meilleurs furent pris par Cazenove, un chasseur de Nay, qui travaillait sur la longue chaîne des côteaux du pied des Pyrénées, et dans la forêt de Bénéjacq.

Je causais souvent avec Cazenove des habitudes des renards, chaque fois qu'il venait chez moi. Il n'était pas en très bons termes avec Pascal (1), le Whip français ; et, ne voulant pas laisser ces renards au chenil, il se décida à me les confier.

(1) Pascal dit Pascalou vit toujours ; c'est lui qui s'occupe encore des renards. (1er Décembre 1906).

L'équipage sortait trois fois par semaine, et l'on courait le drag un jour vite, un jour lentement.

Je ne mettais pas d'anis sur les matériaux du drag, car la force de cette odeur empêche les chiens de crier. Quoique le procédé semble indigne d'un chasseur anglais, je faisais mettre une goutte ou deux d'anis sur la poitrine de tous les renards lâchés ; autrement la meute en aurait certainement manqué plus de la moitié ; ce qui n'aurait pas été agréable à la majorité des cavaliers.

Il y eut trois ou quatre chasses exceptionnelles pendant la saison ; et c'est à l'odeur artificielle que j'attribue cette réussite.

La chasse au drag était alors vraiment intéressante. Hasting se montrait très adroit à mettre ses chiens ensemble ; les douze couples étaient de même pied et aucun ne fléchissaient, tellement ils étaient en bonnes conditions.

Les chasseurs, à cette époque, ont vu et entendu une meute !

La nécessité de me séparer de mon huntsman, jointe à d'autres circonstances, me força de résigner mes fonctions, après avoir eu les preuves que mes efforts pour populariser le sport avaient été couronnés de succès.

Beaucoup de membres de l'équipage augmentaient volontairement leur souscription et une magnifique pièce d'argenterie me fut offerte par 70 partisans de la chasse.

Sauf aux rendez-vous dans la Ville, le nombre de chasseurs qui sortaient, était environ de 70 à 80 et il y eut des champs nombreux dès les premiers jours de la chasse.

Je quittai Pau à la fin de la saison, et j'y revins en 1881, la deuxième année du mastership de M. J. Gordon-Bennett ; il était alors absent, mais M. Burgess le remplaçait.

Permettez-moi de dire un mot de Burgess, c'était un cavalier de tout premier ordre et je doute que Pau en ait produit un meilleur sur un pays difficile, lorsqu'il monte ses propres chevaux. Pendant quatre saisons, j'ai suivi les lignes de drags faites par lui. Ces lignes montraient qu'il savait se mettre à la portée de n'importe quelle classe de cavaliers.

Après avoir mené les chiens pour Bennett, il fut élu Maître d'Equipage en 1882 et 1883. Puis M. Winthrop lui succéda. Cependant le programme ne changea pas ; c'est-à-dire que trois jours par semaine il y avait un drag, à la fin duquel on lâchait un renard de sac.

La meute n'était pas dans des conditions florissantes. Elle se composait, je crois, des chiens de Muskerry, que le Major Cairns avait achetés pour le compte de M. G. Bennett ; mais ces chiens faisaient merveille dans le pays de Pau.

Il aurait fallu une bonne remonte de chiens d'Angleterre et un bon surveillant de chenil ; les performances de la chasse s'en ressentaient ! Mais le nouveau maître d'équipage n'était pas responsable de cet état de choses.

Malgré tout il y eut des champs nombreux qui jouirent d'un bon sport.

Quelques chasseurs, pour qui la vitesse est une considération primordiale, se plaignaient, et à juste titre, de la lenteur des chiens du drag.

(Pau avait alors un cercle remarquable, et la chasse avait tout lieu d'en être fière, car peu de sociétés de chasses, soit en Angleterre, soit en Irlande, peuvent se targuer d'en avoir un pareil).

Encore un changement et cette fois, c'est M. Maude qui devint Maître d'Equipage. Il reçut un appui libéral. Je lui donnai moi-même une souscription de 100 £ ; mais j'ignorais la révolution extraordinaire qui allait éclater sous la dénomination de « New Departure ». Elle avait évidemment pour but d'augmenter autant que possible la difficulté de rester près des chiens, ou de les voir, et de donner ainsi des occasions multiples de faire des luttes de vitesse. Ceci veut dire que les intérêts des deux tiers des chasseurs furent jetés au vent, afin de permettre à l'autre tiers de se divertir sur les barrières et les obstacles difficiles.

Cette manière de faire exigeait des chiens très vites.

« The home district », dont je parlerai plus loin, fut introduit dans le pays de la chasse au renard ; et pour ce que l'on voulait faire, il était difficile de trouver quelque chose de mieux.

On peut dire avec certitude que, pendant dix ans, un champ de cavaliers, sauf quelques selects, n'a jamais été si parsemé quand avait lieu une bonne chasse ; et pour bien suivre les drags la difficulté devint formidable.

Le fondateur de ce nouveau sport, savait, bien entendu, que si l'on pratiquait la vraie chasse anglaise, les animaux seraient très difficiles à trouver et que l'on perdrait de nombreuses heures chaque jour à la besogne monotone de chercher un renard. Il y avait aussi contre soi l'éventualité d'une mauvaise voie, ou bien « d'un Ringing Fox » c'est-à-dire d'un renard qui court en cercle.

On décida que tout renard pris dans le pays et emprisonné dans le chenil, s'appellerait Renard sauvage, et serait chassé comme tel.

Aussi longtemps que le terme de Renard sauvage a été confiné à la France, ce fut très bien, mais c'est vraiment trop fort pour un Anglais de lire dans les journaux ou d'entendre dire par les Maîtres d'Équipage de Pau, qu'ils ont conservé les vraies traditions de la chasse.

Le Maître d'Équipage de Pau en 1891-92, qui était le fondateur du « New Departure », acheta une meute nouvelle dont les trois quarts étaient des jeunes chiens non déclarés ; quelques-uns seulement venant de meutes très vites de contrées d'herbe.

Dans un pays dépourvu de renardeaux indigènes, qui servent à dresser les jeunes chiens, il est difficile de comprendre comment on peut chasser au renard pendant toute une saison. Je ne veux pas essayer de compter les renards vraiment sauvages que j'ai vus devant les chiens ou qui ont été pris par eux. On eut, paraît-il, beaucoup de peine à avoir des chiens faits ; cependant quand je fus nommé Maître d'Équipage, j'en fis venir facilement 54 couples dont pas un seul chien non déclaré.

Avec le genre de sport que l'on pratiquait à Pau en 1891-92, il aurait fallu des chiens donnant beaucoup de voix, pouvant être entendus de loin, semblables à ceux dont on se sert dans les pays boisés, dans le pays de Galles ou dans le nord de l'Angleterre. Il y a aussi la difficulté de passer à travers le pays. Le vieil adage anglais qui dit que « les barrières arrêtent plus de chiens que de chevaux » ne veut rien dire à Pau. Il n'y a presque pas d'épines hérissées comme en Angleterre et les arbres qui surplombent les talus affaiblissent ou pourrissent les barrières ; ainsi, il n'y a rien pour arrêter les chiens, tandis que les chevaux et surtout les cavaliers sont aux prises avec de grosses branches. Cet inconvénient, dix fois plus dur à la chasse des vrais renards sauvages, s'accentue encore lorsque vous chassez avec des chiens neufs, comme en l'année 1891-92, sur un pays plus biscornu que tout ce qui existe en Angleterre.

Je reviens à l'année 1884 et je vais décrire une chasse au renard qui eut lieu dans les premières semaines de chasse sous le « New Departure ».

Le rendez-vous était à Saint-Jammes : c'était en dehors des limites

du « Home Circuit ». Les chiens, en fouillant les broussailles et clai-
rières, arrivent sur la piste d'un renard. L'animal semblait avoir une
bonne avance et partit tout droit. La meute suivit la voie dans un
champ d'ajoncs où jamais un renard connaissant le pays n'aurait osé
passer dans la crainte d'y voir sa vitesse considérablement diminuée.

Voyant cela, je ne pus me retenir de dire à haute voix que c'était
un « bagman » (1) et j'avais, ma foi, bien raison. Il s'en suivit une
chasse superbe qui dura environ 35 minutes. Une partie s'en passa sur
une bonne contrée découverte, mais où quelques ravins (chose fré-
quente dans le pays) arrêtèrent plus d'une fois le champ. Pas de défaut
que je sache, et le renard courant, ce qu'on appelle « Court » vers la
fin, les chasseurs étaient tous là lorsque retentit le « Wo-hoop » (2).

Au moment où l'on faisait les derniers honneurs, j'affirmai que le
renard était un « bagman » mais l'on me répondit qu'il était du pays
et que, quoique captif, je devais le considérer comme sauvage.

Comme la voie m'avait paru trop bonne pour que ce fut celle d'un
renard sauvage, je profitai de l'assemblée générale du mois de Décembre pour protester contre l'appellation de *sauvage* donnée à des captifs.
Mais je priai l'Assemblée de ne pas inscrire mon interpellation au
procès-verbal.

Un vieil adage dit : d'envoyer un voleur pour arrêter un voleur (3).
C'est en vertu de ce principe que j'ai écouté avec grand amusement les
Maîtres d'Equipage anglais qui essayaient de me faire croire que les
renards qu'on chassait étaient ceux de la contrée.

Mon Dieu, l'ignorance du pays que montraient les renards, était la
preuve flagrante qu'ils venaient d'un endroit tout autre, et ils auraient
pu aussi bien être lâchés, comme dans la période antérieure au New
Departure, dans nos meilleures contrées de chasse, au lieu d'être placés
dans l'endroit le plus difficile que l'on pouvait trouver.

J'ose insister vivement sur ce point. Comme je l'ai déjà dit, les
renards qui ont fourni les meilleures chasses pendant que j'étais Maître

---

(1) Renard de sac.

(2) Cri poussé par le huntsman pour annoncer la mort du renard.

(3) En France on dit : pour faire un bon garde-chasse prenez un ancien braconnier.
(Note du traducteur.)

d'Equipage, furent lâchés à 10, 15 et même 20 milles de l'endroit où ils avaient été pris. Nous avons aussi ouï parler des excellentes sorties faites antérieurement par la meute de Lord Lonsdale, et il est certain que ce n'était pas avec des renards du pays.

Je vais maintenant parler géographie et essayer de décrire la contrée de chasse de Pau, qui n'a pas d'égale au monde, la Grande Bretagne et l'Irlande exceptées. Mon récit ne sera peut-être tout à fait correct, mais enfin voilà : La plus grande longueur de la contrée de chasse à Pau est de 25 milles ; elle s'étend d'Artix, station de la ligne du chemin de fer de Bayonne, à Gardères. A l'Est et au Sud, elle va de Nay, station de la ligne de Lourdes, vers la base des Pyrénées à Auriac ; et vers le Nord elle représente 20 milles et plus.

Sur toute la ligne de l'Est, il y a une vaste contrée qui comprend le pays de la chasse au renard qu'occupait sir H. Oxenden en 1840.

Les plaines herbeuses autour d'Oloron, sur lesquelles on fait quelques drags, s'étendent au sud-ouest de Pau. L'on y arrive par le train, mais le retour à Pau après la chasse se fait par la route. On ne visite cette région que depuis 1884.

Trois districts partagent le pays savoir :

1o « The Home Circuit », où chassèrent les chiens de 1884 à 1892.

2o « Leicestershire en France », une contrée de 10 milles de large qui entoure une grande partie du « Home Circuit ».

3o « Old England », une portion du pays, comme je l'ai déjà dit, s'étendant à l'Est autour de Tarbes.

Commençons avec le « Home Circuit » :

Cette contrée est limitée par la ligne d'Artix à Pau ; au Sud, par une ligne allant du bois d'Idron à Bordes ; (à cet endroit, le pays va en diminuant et se termine en pointe étroite). Prenez ensuite une ligne à gauche en arrière de la colline à travers Bordes, Morlàas, Sauvagnon, Mazerolles et par un large demi-cercle rejoignez Artix.

Vers la fin de la saison 1891-92, pendant les trois dernières saisons où je fus à Pau, il n'y avait que deux parcours de chasse en dehors du « Home Circuit », savoir : St-Jammes à un mille et demi au nord de Morlàas, et Gabaston, un peu plus loin.

J'ai rarement suivi le drag, néanmoins mon expérience des contrées difficiles est considérable. Il est inutile de donner une description des bois, des côteaux, etc., qu'on dénomme des remises à renards à cause du touya qui abonde dans toutes les directions. Des milliers d'acres de terre ainsi recouverts devraient en faire un pays béni pour eux ; du reste les traces nombreuses qu'ils ont laissées de leur passage prouvent que, anciennement, les familles de renards étaient, dans tous ces bosqueteaux, aussi nombreuses que les feuilles en Vallombrosa.

Le Pont Long et les autres Landes, ainsi que les champs de touya, sont excellents pour monter à cheval, mais sur ces parterres épineux, il y a rarement des renards. Sur le côté ouest de ce pays, qui jusqu'en 1884 était à peu près une « Terra incognita », deux drags, peut-être, avaient lieu par saison. Les rendez-vous étaient à Lescar et comprenaient Uzein, Bougarber, Beyrie, Momus, Mazerolles, noms aujourd'hui très connus que j'ai toujours considérés, et tous les autres Maîtres d'Equipage aussi, comme les endroits absolument impropres à courir même un drag.

Les clôtures sont très petites ; les talus, qui abondent, surmontés de broussailles et d'arbres, sont très hauts et très droits.

On y rencontre des sentiers étroits, et je n'ai jamais chassé dans une plus mauvaise contrée car il est impossible de voir devant soi. S'il ne gèle pas, les feuillages et les longues herbes restent vigoureux même jusqu'à Noël. Il y a des ruisseaux dont la pluie d'une nuit rend les eaux jaunâtres et le pionnier du travail de la chasse (1) court de sérieux dangers en les traversant parce qu'il s'y trouve souvent des sables mouvants.

Ce qu'on appelle le « Hill District » n'est pas aussi mauvais pour la course.

Les hautes collines au dessus de Mazerolles jusqu'à Sauvagnon, ne sont pas souvent visitées, mais en allant à l'Est, la colline s'étend et forme une surface de bois escarpés, côteaux, petites collines, vallées où on rencontre souvent des ravins infranchissables. Après Buros, les côteaux raides, auxquels ni l'homme ni le cheval ne peuvent faire face avec la meute, montent jusqu'à Serres-Morlàas, et de là à la ville de Bordes. Les obstacles n'y sont pas durs et forment ce qu'on appelle en Angleterre « A henging ». On en voit souvent en Angleterre comme limites, entre les districts de wale et « down ».

A Bordes, le « Home Country » prend fin pour ainsi dire, au sommet d'un triangle, mais vers l'Ouest et dans la direction de Pau, il y a un

---

(1) L'homme qui trace le drag.

district spécial très estimé des chasseurs de vitesse ; aussi dans ces derniers temps, fut-il très fréquenté et plus que toute autre partie de la contrée. Il s'étend en longueur ; la ligne extérieure du « Home Country » et les côteaux de Morlàas le bornent ; sa longueur peut être de six milles et sa largeur d'environ la moitié : partie en pâturages et partie en cultures.

Pour le pays, les clôtures en sont grandes ; on rencontre de hauts talus surmontés de taillis et de buissons touffus ; les barrières obscures abondent et les passages de chemins semés de pierres roulantes secouent souvent les jambes des chevaux et la selle du cavalier. Deux cours d'eaux marécageux et le canal d'Ousse, dont on ne se sert plus, forment aussi des « impedimenta » formidables sur la ligne de chasse.

Le district convient admirablement à ceux qui cherchent le plaisir de la vitesse ; et il faut ajouter à ce fait que les chiens courent généralement très vite sur les talus plantés.

Le correspondant du *New-York Herald* à Pau est un homme qui écrit très juste. Il donne dans ce journal une description graphique d'un drag en 1891-92 couru jusqu'au premier obstacle ; après quoi tout le champ, sauf un cavalier, fut perdu tout simplement.

Il faut remarquer, dans le récit de l'écrivain, que 15 cavaliers seulement avaient pris le départ et cela vous donnera une idée de la chasse actuelle avant le premier Janvier de chaque saison.

Pour ces quinze cavaliers, il y eut trente chutes à enregistrer et, peu après le premier obstacle, un seul, M. W. Lawrance, fut capable d'en affronter d'autres.

A leur décharge, il faut dire que la terre était encore très couverte à ce moment-là.

Tel est le pays du « Home Circuit » où l'on chassa jusqu'en 1891-92.

Ecrivant avec l'expérience des contrées difficiles d'Angleterre et d'Irlande, je puis dire d'une de celles dont je viens de parler, qu'elle a beaucoup de points intéressants et que j'y ai connu une meute de pays boisés qui criait vraiment bien et pouvait être entendue tout le temps et à une grande distance. Je n'ai pas d'objections à faire à l'idée de chasser le renard trois jours par semaine, mais je puis dire que c'est le plus mauvais pays existant pour voir les chiens en débûché et je n'ai jamais eu nulle part ailleurs autant de difficultés à suivre une chasse rapide ou lente.

Les barrières obscures, les arbres, les branches qui vous arrachent de votre selle, les petites branches qui peuvent vous crever les yeux, les descentes sur des sentiers où le cheval sagace se laisse couler doucement, les marais capables d'engloutir cheval et cavalier, toutes ces difficultés qui s'offrent à vous peuvent être affrontées lorsqu'on a le temps ; mais si l'on suit la meute volante de 1891-92 après un captif « Scented » le chasseur ne peut imaginer un purgatoire plus terrible.

Retournons maintenant aux plus beaux champs de chasse de « Leicestershire en France ». On peut le diviser en deux parties : le Haut et le Bas. Ce dernier a pour limite, au Nord : la ligne qui marque le pays que nous venons de décrire, de Pau par Bordes, jusque près de Ger. Sa limite du Sud s'étend de Nay jusqu'un peu plus loin que Pontacq.

La première partie est une plaine bien cultivée avec de grandes clôtures où, sauf quelques longues lignes de murs solides et bas, les obstacles sont de peu d'importance. On chasse rarement dans ce district. Il est borné à l'est par les côteaux Henri IV et se prolonge par les magnifiques terrains boisés, dénommés la grande forêt de Bénéjacq. C'est une splendide ligne d'une longueur de 5 ou 6 milles en bordure de la forêt. De temps en temps, on y court un drag qui se termine dans un pays de prairies.

Sous les pentes, à l'est de la forêt de Bénéjacq, qui ne sont pas plantées et qui s'étendent jusqu'aux côteaux, nous avons en partant de Bordes, la vallée de Pontacq qui a 8 milles de longueur se dirigeant vers le Sud, sur une longueur de 5 milles environ. Elle est traversée par des champs de touya qui y sont disséminés de-ci de-là, mais ils sont moins durs d'épines que ceux dont j'ai parlé plus haut.

Elle se compose de terres cultivées et de prairies. En moyenne, les clôtures sont d'une assez bonne taille, les obstacles se présentent bien comme en Angleterre, et c'est surtout une bonne contrée pour voir les chiens courir.

Pour le drag, on peut choisir des lignes déloyales et décevantes. En somme c'est un pays agréable pour suivre la chasse au renard ou le drag.

Sur le côté Est des côteaux de Bordes et de Pontacq se dégagent de larges plaines de landes et de champs de touya entrecoupés de culture. Deux cours d'eau séparés par un terrain très marécageux en rendent la traversée difficile et souvent même impossible.

On y voit très bien courre (1) les chiens.

(1) Courre, pour courir en chassant. (Expression de vénerie française.)

Nous arrivons maintenant à la plus jolie contrée de Pau, qui va de Gers à Bordes en dessous de la route de Tarbes.

Tracez une ligne à partir de Ger jusqu'au-dessus de Gardères, et passez autour du « Home Circuit » sur une largeur de 10 milles, jusque de l'autre côté d'Auriac, et vous aurez des districts de tout premier ordre. Il y a d'abord le vieux terrain de chasse de Sir H. Oxenden qui comprend les terres cultivées et les prairies de Gardères, les collines et les couverts qui s'étendent au Nord et qui décrivent une courbe jusqu'à Sedzère, offrant un pays charmant pour la chasse au renard ou pour galoper.

De là et jusqu'à la limite du « Home » se trouve une vaste plaine qui s'étend de Bordes jusqu'à Saint-Jammes et forme une arène énorme interrompue par des touyas ou des landes, où l'on peut choisir des lignes de drag superbes.

Un pays plus difficile s'étend de Bordes jusque derrière le village d'Andoins où les arbres placés sur les obstacles offrent des difficultés considérables.

Cette grande plaine s'étendant de Bordes à Saint-Jammes, fut pendant des années l'arène favorite où l'on chassait le captif après le drag et maintes fois on y donna de bonnes chasses. Un vrai renard a-t-il jamais passé par là pendant mes trois ans d'expériences personnelles ? Je n'en sais rien ; je puis en dire autant de Sedzère et de Ger, et même des parties les plus intéressantes du Pontac Vale.

Le « Old England » était déjà connu en 1840 au moment où Sir H. Oxenden arriva au château d'Aureilhan, près de Tarbes. Afin de pouvoir en faire une description satisfaisante, j'ai fait quatre ou cinq excursions dans le pays. Un certain nombre de renards de sac y furent pris, antérieurement à 1884, lorsque j'étais Maître d'Equipage, et le vieux Dupont, qui était piqueur chez Sir H. Oxenden et remplit longtemps les mêmes fonctions à la meute de Pau, me fit aussi pas mal de confidences.

Le point de départ en est représenté par une ligne tirée au Sud entre Pontacq et Ossun et continuant jusqu'à l'inévitable route de Pau à Tarbes. C'est un district sur lequel je n'ai jamais passé, mais Dupont me l'a décrit comme accidenté avec des bois détachés et pleins de renards.

On a de cette contrée une vue superbe lorsque l'on est sur la ligne du chemin de fer d'Ossun à Tarbes.

Le point de départ était près des écuries de M. Fould sur la route de Tarbes ; on allait au Nord vers les couverts et jusqu'à la ligne du bois du « Great Commandeur », très large d'abord, avec des carrés de touya, où les obstacles étaient très faciles. Il y a aussi plusieurs couverts dans les districts de Pontacq, Tarastet et Montana, mais le touya que j'y ai vu n'y était pas très haut.

La meute de sir H. Oxenden chassait aussi à « Sambo » bois situé près de Gardères et qui est bien dans les limites de la chasse. La petite quantité de touya et d'ajoncs augmentait beaucoup l'agrément de ces endroits comme lieux de chasse.

Quelques collines paraissent raides mais il n'y a pas d'obstacles assez grands pour empêcher les chasseurs de se tenir près des chiens.

Lors d'une inspection que je fis en passant, le « holding », c'est-à-dire l'endroit où peuvent loger les renards, me sembla très bon dans différents bois ; et il reste acquis que ce district était plus estimé que celui qui entoure Pau, par les premiers chasseurs Anglais. Selon Dupont il y a des contrées au Nord-Est et à l'Est qui abondent en renards. Sir H. Oxenden n'hésitait pas à chasser jusqu'à quatre fois par semaine, avec une forte meute et plus de vingt chevaux dans les écuries de chasse.

Pour cause de deuil, Sir Henri abandonnait la meute en 1842, et elle s'établit alors à Pau avec le capitaine Shillar comme Maître d'Equipage. En 1843, M. Roussel succéda au Capitaine Shillar. En 1844, M. Charles White le remplaça et en 1845, MM. Cornewall et Standish s'associèrent. On garda les chiens à Bordes où M. Cornewall fit bâtir un chenil de 800 £ à ce que Dupont m'a dit.

Il était évident que la chasse au renard autour de Pau n'avait pas grand succès ; s'il en eut été autrement, pourquoi bâtir à Bordes qui s'en trouve distant de 10 milles. M. Standish ne voulait chasser que le renard sauvage et en 1847 il abandonnait sa partie de Maître d'Equipage parce qu'il n'y avait pas beaucoup de renards et qu'ils étaient très difficiles à trouver. De retour en Angleterre, il chassa pendant plusieurs années dans les contrées anglaises, faisant lui-même le huntsman ; et lorsqu'il renonça aux « New Forest Hounds » il vendit sa meute un prix très élevé.

La partie historique de cet ouvrage est tirée d'une admirable revue de la chasse de Pau qui parut dans le *Journal des Etrangers* du 27 Novembre 1892. Cette revue dit que, pendant les trois ans de mastership de M. Standish, la chasse allait très mal ou plutôt n'existait pas. On y avait seulement le plaisir du cheval, mais le sport hippique que procurait la poursuite d'un captif parfumé, y était comme en Angleterre et en Irlande, trois fois meilleur que la chasse du renard sauvage.

Il y eut, bien entendu, de superbes parcours fournis par les renards sauvages ; par exemple, la chasse qui partit du bois d'Andoins ou de Morlàas pour aller jusqu'à Lourdes. Le major Hutton, actuellement à Pau, nous a montré un brush bien gagné, comme trophée de cette chasse.

Le colonel J. Whyte, frère du Maître d'Equipage de Pau, m'a souvent raconté une chasse merveilleuse qu'avait faite un renard trouvé sur la lande du « Pont-Long » et qui courut des milles au Nord pour arriver dans un district inconnu de la plupart des chasseurs qui suivaient.

La meilleure chasse que j'ai faite, pour mon compte, eut lieu pendant que le colonel Crosbie était Maître d'Equipage, et feu Victor était bien de mon avis. Nous avions passé une longue matinée autour du bois d'Higuères et quêtions sans beaucoup d'espoir dans un champ de touya situé au sommet d'une colline, au Sud-Ouest d'Higuères, qui ressemblait bien à un champ d'ajoncs anglais, lorsqu'un renard s'enfuit par un coin avant que les chiens n'en eussent connaissance ; et il fallut du temps pour les mettre à la voie. Celle-ci se trouva médiocre, et nous partîmes en forlongé avec la moitié de la meute seulement. Nous rencontrâmes alors un vrai bel obstacle, un ravin, qui arrêta le champ net. Me doutant que nous avions un renard devant nous, j'en fis vite le tour et vins auprès des chiens pensant bien que l'animal les attendait un peu plus loin dans un couvert, au bord de la rivière. Tout à coup, les chiens partirent chaudement, courant vers le Nord ; ils montèrent et descendirent un pays accidenté et superbe où les obstacles sont très hauts.

Tout cela permettait au champ de rester près des chiens et de bien jouir du sport. La meute courut gaiement deux ou trois milles dans un pays demi découvert, lorsque nous approchâmes d'un district cultivé qui offrait aux cavaliers de grandes difficultés. Sans perdre de temps, je me dirigeai vers la route qui menait aux côteaux boisés deux ou trois milles en avant, et où se dirigeait le renard. Il courait toujours ; j'entendais la voix des chiens à ma gauche et je ne voyais rien à cause des arbres ; mais le succès couronna mes efforts. Au moment où j'arrivai, les chiens sortaient du bois, mais aucun cavalier ne venait avec eux. Un sentier me permit d'y arriver et comme le train s'était ralenti, les routes et les barrières m'ayant été favorables, je me trouvai très heureux (sous le New Departure) d'être seul avec les chiens au milieu d'une prairie parallèle à un côteau raide et boisé. J'entendis alors du bruit derrière moi et vis deux gentlemen filant très vite : l'un d'eux était l'ex-maître d'équipage, et l'autre un des principaux membres de la chasse. Un assez grand cours d'eau, le Gabas je crois, se trouvait à droite et un côteau raide et boisé descendait vers l'eau. M'étant assuré que le renard s'y dirigeait, je profitai d'un chemin et d'un gué pour monter sur la colline à travers le bois, entendant à ma gauche et en avant, les voix joyeuses de la meute. J'étais avec elle comme elle entrait dans un pays plus découvert où feu sir Victor Brooke vint me rejoindre.

Nous nous trouvions dans une contrée boisée et accidentée, mais sans obstacles difficiles et où l'on suivait facilement. Nous fûmes long-temps tout-à-fait seuls jusqu'au moment où les chiens disparurent dans un ravin dont nous fîmes vite le tour; mais ne les trouvant pas de l'autre côté, nous revînmes sur nos pas et les trouvâmes en défaut.

Ici finit la chasse et le gros des cavaliers arriva à ce moment. Il paraît qu'il leur était arrivé ce qu'on appelle « Hung up » sur les côteaux qui descendent au cours d'eau.

Bientôt après la meute retrouvait la voie, mais le temps précieux était passé et notre renard ayant beaucoup d'avance, était entré dans un terrier de la vallée.

Ce fut une chasse au renard de tout premier ordre et toute entière en dehors du « Home district », sauf le premier mille.

Le grand nombre de bois et de côteaux traversés par le renard pour prendre sa direction, et la défaite du champ qui par deux fois perdit les chiens sont des faits qui nécessitent une attention spéciale, car tous sont intimement liés à la chasse au renard de Pau.

Pour montrer l'habitude qu'ont les renards de parcourir les côteaux, je me permets de raconter une autre chasse qui eut lieu lorsque le colonel Crosbie était Maître d'Equipage :

Un jour que nous quétions dans le bois de Serres-Morlàas, la meute partit après un renard qui, quittant la ligne des côteaux, traversa à l'ouest quelques couverts avoisinants. Ceux qui suivaient eurent un dur trajet à faire pour arriver à la route de Pau à Morlàas.

A ce point, les chiens furent en défaut pendant une minute et tout le champ arriva bien ensemble. Le renard, changeant alors sa direction, se dirigea vers le nord des côteaux et la chasse devint superbe. Nous descendîmes les collines jusque vers Bernadets.

Ceux qui étaient sur le sommet voyaient très bien la chasse et pouvaient en jouir.

Sur la droite, il y avait une vallée en herbe et en culture, interrompue par des talus très raides, couverts d'arbres. La direction du renard était le bois d'Higuères et il avait le choix : ou de rester près des côteaux et, par un grand détour, d'arriver à sa destination, ou de traverser la vallée en face et de prendre sa direction vers la vallée boisée qui mène à Higuères.

Il hésita un peu avant de quitter le couvert, ce qui permit à la meute d'arriver très près de lui. Après un hourvari, il s'élança en débùché. La meute courait vite et bien, et 10 minutes de chasse superbe s'ensuivirent avec beaucoup de rivalité de vitesse entre les chasseurs de tête.

Placé comme j'étais sur la colline, j'aperçus une rivière et reconnaissant un canal avec des bords à pic, je descendis vivement par une route qui menait aux rampes blanches qui annonçaient de loin un pont. En cours de route je pus voir la meute au moment où elle arrivait à la rivière de Lhuys, et je filai vivement en compagnie de M. R..., qui m'avait rejoint, dans la direction du bois d'Higuères. La voix des chiens nous arrivait de droite et galopant parallèlement, nous arrivâmes à la fin sur eux, au moment où ils passaient au bord d'un petit cours d'eau qui traverse une vallée boisée. Il y avait un sentier praticable, la meute allait à un train régulier et aucun obstacle sérieux n'empêchait de la suivre de près.

Je veux ajouter qu'il n'y avait qu'un cavalier en vue de la meute, M. W. Lawrance, qui, monté sur son vaillant vieil alezan, les avait tous battus en passant et repassant la rivière Lhuys.

La meute tomba alors en défaut : la présence d'un paysan avec son chien à quelques centaines de mètres de là, m'avait déjà expliqué la cause de cet arrêt. Comme la gueule du chien était fermée (1), il était évident qu'il n'avait pas chassé le renard : il ne l'avait même pas vu

---

(1) Voilà une remarque qui prouve l'esprit d'observation de Lord Howth.

(Note du traducteur).

probablement, mais prévenu de sa présence par la finesse de son nez, l'animal de chasse avait fait un hourvari. C'est ainsi que la meute se trouva à bout de voie pendant que le renard virait à droite, se dirigeant vers le bois d'Higuères qui était à peu de distance (si je me souviens bien).

Les cavaliers et les piqueurs arrivèrent sur nous et les chiens repartirent un moment après, mais déjà la voie était haute : ils ne la débrouillèrent dans le bois que très lentement et le renard eut le temps de se terrer. La caractéristique de cette belle chasse consiste surtout dans cette longue ligne de côteaux que le renard choisit, évidemment afin d'éviter le pays découvert sur la route d'Higuères. En ces deux occasions, les renards chassés étaient des animaux sauvages.

Permettez-moi, maintenant, de dire qu'un chasseur de renards expérimenté et capable, peut souvent distinguer l'animal sauvage du renard captif lâché devant la meute. Je vais citer deux cas curieux qui se présentèrent à la fin d'une saison de chasse dans un comté du Sud de l'Angleterre.

Dans le premier cas, le captif avait été lâché sans que le Maître d'Equipage en eut connaissance. Les chiens fouillaient un champ assez grand d'ajoncs, sans clôtures, et le renard partit tout d'un coup à côté de moi. Il n'avait pas été levé dans le couvert, cependant sa langue sortait et sa fourrure était ébouriffée sur le côté droit, preuves qu'il venait de quitter le sac. Le renard avait une bonne avance et les chiens couraient de bon cœur. Peu après le départ, il sauta par dessus un talus dans une petite pièce d'eau, ce qui manifestait déjà sa captivité et plus loin, il rentra dans un bois où il fut pris. L'on disait souvent, pour ne pas décourager le champ, quand on trouvait un renard douteux, que c'était un bagman de hasard.

Chassant un jour avec une meute du Sud de l'Angleterre, sur les confins même du pays, je discernai encore tout de suite un captif. C'était une contrée couverte d'ajoncs, sans clôtures ; le piqueur était devant moi, et, par les contractions convulsives qu'il faisait, il était facile de se rendre compte qu'il voyait un renard. En effet le renard sortit doucement en débûché ; il était visiblement étourdi et n'avait pas l'air d'un animal sauvage. Il s'en alla au petit galop ; mais à mon grand étonnement, le huntsman ne chercha pas à appeler ses chiens à la voie ; il voulait ainsi permettre au captif de s'éloigner un peu.

J'en conclus que le renard était un bagman et qu'il avait besoin d'un bon départ. Quand les chiens sortirent du couvert il était manifeste que beaucoup d'entre eux ne chassaient pas et que les autres n'étaient pas bien ardents. Cependant ils partirent chassant ; mais au bout de quelques minutes, le renard entra dans un carré de bois entouré de filets servant de pièges à lapins et qu'il essaya vainement de passer. La meute arriva et le tua. Un renard du pays eut eu connaissance des centaines de mètres de filets qui étaient là et s'en fut garé.

Il était arrivé que deux renards avaient été pris deux jours auparavant, l'un dans un poulailler, l'autre tout à côté par des servants de ferme qui les avaient menés au chenil. Ces deux renards coururent mal, comme c'est souvent le cas, lorsqu'ils ont été blessés au moment de leur prise, à cause du manque d'expérience de ceux qui les manient.

Avant de me lancer dans les détails de la chasse au renard sous le « New Departure », j'ai placé ces deux épisodes pour prouver que le sportsman anglais, passablement instruit, est capable de distinguer le renard captif du sauvage. Il peut quelquefois se tromper, et voici un exemple d'une « authenticité douteuse ».

Une renarde avait été trouvée dans un bois près de Lescar ; elle courut directement vers la ville et resta sous les vieux remparts pendant un assez long temps ; puis elle débûcha et fut tuée.

J'étais persuadé qu'aucun renard sauvage n'aurait flâné si longtemps autour de la ville, cependant plus tard, on m'a dit officiellement que cette renarde était sauvage.

Tous les principes anciennement en usage au sujet de la voie, ont été tellement mis de côté, et l'excellent sport dont on jouissait depuis plus de vingt ans dépendait tellement de l'augmentation artificielle de l'odeur naturelle du renard, qu'il y aurait bien des pages à écrire sur le sentiment.

DU SENTIMENT

Le sentiment est la ligne invisible laissée par le renard, quand il est poursuivi, qui permet à la meute de suivre sa trace.

La vitesse du chien dépend non seulement de sa qualité, mais de la présence dans l'air, au niveau de sa tête, de l'odeur laissée par l'animal de meute. Le sentiment à la hauteur de la poitrine veut dire que les chiens vont très vite. Les têtes en l'air et l'arrière train bas prouvent que la vitesse est à son maximum ; l'odeur se trouve alors un peu plus haute que la poitrine. Lorsque les chiens tiennent bien la tête, c'est-à-dire que plusieurs d'entre eux, au premier rang de la meute, sont sur la même ligne, c'est l'indice d'une bonne odeur ; mais le fait est rare en comparaison des interminables mauvais jours où tant d'éventualités anéantissent le sport.

Il est temps d'agir : c'est le temps magique.

Il peut arriver qu'un huntsman sorte très bien ses chiens d'un couvert d'ajoncs avec une contrée en herbe devant lui ; les chiens sont vites, le renard passe à travers une barrière ; mais s'il voit un homme et un chien à l'autre bout du champ, vite comme l'éclair, il fait un crochet et prend le côté gauche de la haie. Les chiens sautent l'obstacle dans leur foulée, courent encore quelques pas et arrivent au bout de la piste. Ils lèvent leur tête et ne bougent pas, si c'est une meute passable ; autrement, les premiers font un retour ensemble à droite, inutilement.

Le piqueur peut prendre ses chiens et faire son choix pour retrouver la piste, mais deux minutes se sont écoulées et c'est suffisant un mauvais jour de chasse pour diminuer sensiblement l'odeur du renard.

Les chiens sont obligés de mettre le nez par terre et de courir lentement, la vision d'un coup glorieux est passée.

Il arrive encore que les chiens, courant vivement, arrivent à un champ labouré où le sentiment est généralement très faible, ou « porte » c'est-à-dire que la terre colle aux pattes du renard et qu'ainsi la voie est détruite. « Le jeu est fait ». Les chiens sont au trot, le temps magique est passé et lorsque les chiens quittent la terre labourée et arrivent sur l'herbe, le sentiment est déjà très faible.

Combien de temps l'odeur reste-t-elle en l'air pour un renard de première classe ?

Je cite Lord Doneraille, qui, d'après l'avis d'un Maître d'une grande autorité, considérait qu'on ne pouvait pas s'attendre à une chasse rapide si le renard avait neuf minutes d'avance sur les chiens. Le renard peut très bien diminuer son train, bien entendu, et ainsi n'avoir plus tard que trois minutes sur eux.

Dans le cours d'une chasse, le temps s'écoule rapidement ; un jour, il y a défaut sur défaut, ou bien les chiens sont embarrassés. Nous savons que dans ce cas Jim Hills et Charles Payne (nous avons chassé avec eux), prenaient les chiens et galopaient à deux milles de là dans un champ d'ajoncs afin de trouver, si possible, un nouveau renard qu'ils faisaient passer pour celui qu'on chassait. Mais nous sommes des sportsmen de province et nous sommes obligés d'attendre que la meute soit à bout de voie pour aller ailleurs ; et, c'est ainsi que fait souvent la chasse anglaise.

Mais combien il était rare jusqu'en 1891-92 de voir la meute de Pau à bout de voie.

L'honorable Halsey, notre feu piqueur, disait que le nombre de renards perdus ici, était bien petit comparativement à ceux trouvés par n'importe lequel des meilleurs piqueurs existants.

Mais que dirions-nous d'une voie si mauvaise, que le renard, n'ayant pas plus d'une minute d'avance, les chiens ne peuvent pas chasser pendant un mètre ; et que dirons-nous des jours et des semaines désespérantes, sans un galop ? Avons-nous jamais eu de telles guignes à Pau ? Jamais !

Les variations atmosphériques ont une grande influence sur la voie. Une baisse barométrique, de la pluie dans l'air, la direction du vent, l'humidité du brouillard sur les haies et surtout le brûlant soleil de midi.

Les influences qui sont mauvaises pour la voie sont : un terrain sec, chemin, sentier, feuilles mortes. Dans quelques endroits la voie est toujours mauvaise.

Un chien mâtin, en chassant un renard, communique sa propre odeur à la ligne ; un couple de chiens de tête, sauf les jours spéciaux où la voie est vraiment bonne, diminue le train de la meute ; des bestiaux, des moutons, etc... qui passent sur la piste du renard, la forcent souvent à s'arrêter.

Telles sont les difficultés auxquelles le chasseur anglais et ses chiens doivent faire face et qui, d'un moment à l'autre, gâtent les espérances d'une bonne chasse, qui aurait été absolument assurée si l'odeur naturelle d'un captif avait été augmentée par des moyens artificiels.

Je crois en avoir dit assez sur le petit nombre de renards sauvages trouvés par la meute pendant une série d'années, et je me permets de démontrer comment on est arrivé à cette conclusion.

Il est très facile dans un pays de discerner la manière de faire des renards sauvages ou des captifs et il est certain que la meute travaille mieux lorsque l'odeur du fugitif est renforcée artificiellement.

Nous venons de parler de l'odeur naturelle ; on attache une grande importance à la question du temps qui, d'une minute à l'autre, peut enlever le sentiment. Aussi l'application de l'odeur artificielle est manifeste et écrase toutes les théories de la chasse au renard.

La différence de la chasse au renard telle qu'elle est pratiquée à Pau et celle d'Angleterre est très marquée.

Au grand soleil, à la chaleur d'un été anglais, à midi, sauf dans la rosée du matin ou sur un terrain découvert, sec et poudreux, comme aussi dans les bois, les chiens courent souvent fort vite.

Le grand nombre de renards qu'ils tuent, comparativement à ceux qui sont chassés, semble un phénomène dont la seule explication réside dans l'application de l'odeur artificielle.

Le peu de renards qui, jusqu'à la clôture de la saison de 1891-92, rentraient dans les terriers, démontrent clairement qu'ils ne connaissent pas le pays. La qualité et le mérite des cavaliers ne sont pas en question.

Après tous ces discours sur la chasse au renard sauvage ou captif, permettez-moi de faire reposer la manière de les distinguer sur un fait d'histoire naturelle. Ce principe accepté, nous allons noter avec soin les signes donnés par leur façon de courir ou bien par la présence présumée de l'odeur artificielle.

DIFFÉRENCES

ENTRE LA CHASSE D'UN SAUVAGE ET CELLE D'UN BAGMAN

Les points qui nous amènent à distinguer la course du captif lâché, de celle du renard sauvage sont des plus intéressants :

1o Il est évident qu'un renard qui court en cercle sur des touyas épineux, au lieu de prendre les sentiers, etc., comme je l'ai déjà indiqué, doit être considéré tout de suite comme captif ;

2o Selon le capitaine Browne, un bon renard, lorsqu'il est lâché à découvert, court fréquemment en cercle avant de décider quelle direction il doit prendre pour arriver à son terrier ;

3° Lorsque le captif a l'idée nette de l'endroit où se trouve son terrier, il faut souvent beaucoup de « heading » de la part des chiens et des chasseurs pour l'arrêter avant qu'il n'y arrive.

Un renard du pays a beaucoup de ruses dans son sac, il a des couverts, des trous, des terriers, etc., derrière lui, aussi bien que devant à droite, ou à gauche ; tandis que le captif ne connaît pas d'endroit où se mettre en sécurité, sauf dans son pays, que son instinct seul peut lui indiquer ;

4° Les captifs, au sortir du sac, regardent souvent un cours d'eau avec méfiance ; ils vont et viennent sans oser le traverser, quand ils ont été lâchés à côté. Je m'en réfère pour ce fait, à la rivière qui passe en bas de Bordes et se dirige vers Pau ;

5° Lorsqu'il arrive que les chiens ont été longtemps en défaut et que tout à coup ils se mettent à chasser chaudement, c'est assez suspect. Mais lorsqu'après deux ou trois défauts de ce genre, ils sont capables de rester encore sur la ligne, on peut dire vraiment qu'ils chassent un captif parfumé ;

6° En Angleterre, lorsqu'un mâtin court après le renard, ou qu'il y a quelques chiens de tête, la meute qui est derrière ne chasse pas de bon cœur.

Cependant j'ai vu une meute presque toute entière suivie de cavaliers galopant sur la voie avoir derrière elle une queue de chiens chassant gaiement sur la piste artificielle du renard ; leurs compagnons étaient déjà très loin devant eux ;

7° Un renard sorti d'un sac, ne peut se trouver sur le lieu où il sera mis en liberté sans y être porté ; les chiens le marquent de suite. Ils mettent le nez par terre sur la trace du porteur de sac, et se tiennent ainsi sur la ligne. Lorsque l'odeur est extra-forte dans le sac ou qu'il en tombe une goutte sur les pieds ou les jambes du porteur, ils le chassent comme si c'était un drag ;

8° L'odeur naturelle s'élève généralement en l'air, et quand un ou deux chiens courent à demi train avec leur cou allongé et raide comme du fer, cela signifie que le parfum artificiel est plus fort que celui du renard ;

9° En suivant la voie d'un renard sauvage, les chiens sont disposés à mettre le nez à terre et ensuite à le relever pour s'assurer que c'est bien leur animal ; mais avec un captif parfumé, la meute a toujours la tête en l'air.

Un bon juge du travail de la chasse au renard, qui voit bien la meute en travers lorsqu'elle passe à demi-train, ou même plus lentement, doit pouvoir distinguer si ce renard est ou non parfumé ;

10° J'arrive maintenant à une preuve infaillible, mais pour s'en rendre compte le juge devra avoir une connaissance approfondie des habitudes des renards sauvages.

Il arrive quelquefois, à la chasse au renard ou au lièvre, en Angleterre, qu'après un grand parti, les animaux chassés se trouvent, ce qu'on appelle hors de leur pays. Un œil exercé s'en aperçoit de suite. C'est précisément ce qui est arrivé à la plus grande partie des renards que le Pau Hunt croyait sauvages. Ce n'étaient pas seulement des captifs, mais des captifs amenés de loin et qui ne connaissaient pas le pays.

Le renard sauvage connaît tous les coins et recoins (et cela pendant des milles) du pays qui se trouve autour de chez lui ; il sait aussi le chemin le plus facile pour aller où il veut. Quand les chasseurs l'ont à vue, il essaye souvent de se terrer, et il a le temps de s'étirer les jambes avant de quitter l'endroit où il est relaissé.

Je me souviens, en 1891-92, d'avoir vu chasser un renard que l'on trouva dans le bois d'Idron. J'étais tout près quand il fut lancé ; à peine était-il sorti du bois qu'il fut tué.

Je veux dire par là que c'était un captif, ignorant du pays. Cependant, ce jour-là, un peu plus tard, nous trouvâmes et tuâmes encore deux captifs qui furent déclarés, comme le premier du reste, dans un journal anglais, renards sauvages.

Voici quelques épisodes qui prouvent la présence de l'odeur artificielle, c'est-à-dire : du captif.

En l'année 1891-92, nous allâmes un jour, à travers la Lande, fouler le bois de Morlaas. Quand la meute fut arrivée près du bois, elle quitta la route et suivit la trace du porteur ; il est bien entendu que peu d'instants après, nous trouvâmes un renard sous le couvert.

A la même époque, comme nous allions au rendez-vous d'Uzein pour chasser dans le bois de Morlàas, les chiens quittèrent tout à coup le chemin et coururent dans un champ. « Un renard vient de passer la route » ! fut le cri joyeux. Mais au bout de 50 yards à peine, je m'étais déjà rendu compte que ce n'était pas un renard et je m'exclamai : « Les paysans nous ont couru un drag ».

Les chasseurs et les chiens avaient chassé le porteur du renard.

Pendant la même saison, les chiens étaient dans le bois d'Higuères qui est assez grand et très vallonné. La meute descendit tout à fait en bas pendant qu'un groupe de cavaliers et moi, restions au coin Nord-Est. J'aperçus alors un chien, puis un autre, puis quelques couples encore avec leur tête haute, respirant un doux zéphir parfumé, qui n'était pas évidemment le sentiment d'un vrai renard. Ils suivirent un sentier pendant peut-être 100 yards et arrivèrent à la voiture du renard ; l'odeur artificielle devait être bien forte pour que les chiens pussent sentir à 200 yards le renard dans un sac.

Je pourrais citer encore bien d'autres occasions où les chiens chassèrent la voiture du renard, surtout quand le lâché avait lieu sur la lande du Pont-Long. Ils chassaient même de préférence la voiture.

QUELQUES RUNS REMARQUABLES

Un jour que l'on chassait dans le bois d'Andoins, j'allais sans tarder me placer sur la route et là, je galopai avec la meute. La chasse me favorisa : les chiens couraient parallèlement à la route ; et ils avaient à peine passé trois champs qu'ils avaient semé tous les cavaliers. Bientôt après, le renard vint à nous et fut tué sans que personne fut assez près pour avoir droit au brush.

Etant un assez bon juge du train, je peux dire que ce jour-là, les « Shires » d'Angleterre eux-mêmes, l'auraient trouvé à leur goût.

Voici un autre fait qui a quelques rapports avec la chasse du bois d'Higuères dont je parlais tout à l'heure.

La meute courait en dehors d'un cercle ; le renard se dirigea vers un cours d'eau près duquel se trouvaient quelques chasseurs et je pus voir que la voie était brûlante. Les chiens montèrent la colline en face, quelques cavaliers et moi les suivant ; mais avant d'arriver en haut, le renard fit demi-tour.

De ma place sur le sommet, je vis la plus grande partie des chasseurs partir avec toute la meute du côté opposé qui donne dans la vallée. Un cavalier, le Maître d'Equipage, fut bientôt en tête des autres, mais la meute volait et augmentait l'intervalle entre elle et les chasseurs. Elle mit bas heureusement ce qui permit aux cavaliers de rattraper le mille entier qu'ils avaient de retard. Peu après on trouva encore un fort renard. Cette meute était trop vite pour le pays; elle aurait été meilleure pour le daim ou pour pêcher la truite, que pour le renard.

Un autre jour, après une matinée passée à quêter dans un pays sillonné d'énormes terriers, nous allâmes à Mazerolles et sans faire la cérémonie de battre un couvert, on lâcha le captif ouvertement. Après quelques détours, le renard s'en va vers Momus; il traverse quelques marécages, entre dans la rivière, nage à l'autre bord et monte en écharpe la pittoresque colline coupée de petits ravins. D'en bas, où j'étais, les chiens étaient superbes à voir courir ; ils apparaissaient et disparaissaient d'un côté à l'autre et les malheureux cavaliers couraient après eux en deux ou trois fractions.

M. H. Vere et un étranger qui le suivait, arrivèrent à la queue des chiens et passèrent un moment très agréable seuls avec la meute.

Le renard fit un hourvari et trouva la mort.

Quel pays ! pour y amener une meute à 20 milles de chez elle, afin de chasser un bagman qui ne connaît pas la contrée!

Voici une chasse au bois de Morlàas :

Nous y arrivâmes après avoir passé la matinée autour d'Idron. On s'était passé de la cérémonie de mettre le couvert avant de lâcher le renard. Il quitta de suite le bois et les chiens coururent très vite pendant peut-être 10 ou 15 minutes vers la route de Tarbes ; le champ, cela va sans dire, fut bientôt semé dans un tel pays.

On m'a dit que M. H. Vere avait sauté une banquette impossible ; ce qui lui avait permis, lui seul encore, de jouir d'une béatitude suprême. Nous devions retourner au bois de Morlàas car la voiture nous y attendait avec un troisième renard ; mais comme on mit un certain temps à le lâcher, quelques cavaliers se joignirent à moi pour rentrer à la maison.

Il paraît que nous avons manqué la plus belle chasse que l'on ait eue depuis bien des saisons. Beaucoup croyaient comme moi que l'on irait dans la direction de « Sendets » pour retourner ensuite à l'inévitable route de Tarbes ; aussi resta-t-il très peu de monde avec la meute. C'était un tort : car les chiens descendirent dans un pays superbe. La chasse fut magnifique et presque tous les cavaliers purent suivre et jouir de la mort du renard. C'est très beau ? mais ce n'est pas de la chasse ; et c'est la seule épitaphe à inscrire sur la chasse du renard sauvage à Pau pendant la saison de 1891-92.

QUELQUES ANECDOTES DE CHASSE

Je vais encore citer quelques anecdotes de chasse sous d'autres Maîtres d'Equipage.

Pendant la deuxième année où M. Thorn menait les chiens (1889), nous chassions au bois de Sendets qui s'étend jusqu'au village de ce nom, et il n'y avait pas de doute sur la nature du renard que nous y avions trouvé. Il était parti vaillamment dans la direction des côteaux de Morlàas, distants de quelques milles ; mais à moitié chemin, il s'aperçut que ce n'était tout à fait la direction qui devait le ramener chez lui et il tourna à gauche.

Les cavaliers de tête qui voyaient mal les chiens, ne purent se rendre compte de cette manœuvre ; ils pressèrent le pas droit devant eux, et ne voyant plus rien retournèrent vers ceux qui étaient à la queue de la chasse. Après avoir galopé deci delà, nous trouvâmes enfin la meute en défaut, au bord du canal de l'Ousse. Un ou deux chiens, que rejoignirent bientôt la plus grande partie de la meute, nous donnèrent l'indication de la ligne, et les chiens partirent au pas vers la route de Tarbes ; par la raideur de leur cou, ils nous montraient que le renard en question était parfumé.

Ils traversèrent la route, descendirent dans la vallée et se dirigèrent vers les collines d'Henri IV. Mais avant d'y arriver ; ils entrèrent dans un grand champ cultivé et tombèrent en défaut. Je m'aperçus qu'il y avait là un engrais artificiel dont l'odeur très forte avait coupé la voie de l'animal.

Je suggérai à Halsey de prendre les devants de l'autre côté du champ, ce qui fut fait. Les chiens reprirent la voie et nous continuâmes assez bon train sur les larges plateaux qui sont en haut des côteaux, puis ensuite en bas de la plaine du Gave. En arrivant à la rivière, des paysans nous dirent que trois chiens avaient traversé au gué le plus favorable, vingt minutes auparavant.

Un instant après, les chiens et les cavaliers passèrent tous et nous pûmes alors très bien voir sur le sable les empreintes des pattes du renard et des chiens de tête ; mais l'eau, dont le courant était très rapide, avait fait évaporer l'anis et la chasse se termina là. Le piqueur perdit beaucoup de temps à rechercher les trois chiens qui chassaient encore, et l'on rentra. Il est rare de voir un renard faire une pointe pareille : des côteaux de Morlàas jusqu'au Gave, un mille en dessous d'Assat. Si l'on considère les montées et les descentes, cela fait bien 7 milles et même plus du bas de Morlàas à la rivière.

Sauf le défaut sur le canal de l'Ousse, nous n'avions plus revu les chiens. C'est un fait remarquable que trois chiens de tête aient pu parcourir une aussi longue distance, en prenant 20 minutes d'avance en route.

Après un rendez-vous au carrefour de Beyrie (pendant l'époque où M. Thorn était Maître d'Equipage), le renard avait été lancé dans un champ de touya, la tête tournée vers Mazerolles ; les chiens le chassèrent à un train modéré et arrivèrent au cours d'eau que le fugitif venait de traverser. L'eau qui coulait eut décidément un effet sur l'odeur artificielle car la meute courut très vite pendant un moment.

Laissant le bois de Mazerolles à gauche, ils traversèrent la rivière et le marécage et montèrent vivement en écharpe la colline jusqu'à Momus ; le renard, qui était suivi de près, gagna du temps en passant par le bas du village, ce qui permit au champ de venir près des chiens. Il traversa alors un pays découvert dans la direction des bois précités où les cavaliers perdirent bientôt de vue la meute qui fit un crochet à gauche en sortant du bois.

Environ un mille après, j'eus une vue superbe des chiens au moment où ils passaient du bois dans la vallée en herbe ; et un sentier parallèle à leur direction me permit de les voir à une bonne distance : ils chassaient bon train sans aucun cavalier derrière eux.

M. Thorn, Maître d'Equipage, vint me rejoindre juste à l'endroit où la route tourne à gauche, et arrivés au pont, nous trouvâmes les chiens ; ils étaient en défaut, ce qui permit au champ de venir nous rejoindre. Le renard courut un instant encore et fut tué au bord de l'eau.

Les particularités de cette chasse sont la ligne droite prise par le renard, une ligne de peut-être 6 milles et la vitesse des chiens qui couraient seuls ; le pays étant très dur pour suivre à cheval, surtout un peu vite. Mais les routes étaient favorables aux cavaliers et les repoussis des haies ne masquaient pas la vue après la traversée de la rivière près de Mazerolles.

Je n'ai pu m'empêcher de dire au Maître d'Equipage que les chiens ne pouvaient avoir un meilleur galop pendant une demi-heure.

Voici un fait qui prouve que, même si des chiens suivis de cavaliers avaient pris une fausse piste, la meute eut été capable, après un défaut, de reprendre le droit (1) de leur renard.

Sous le même Maître d'Equipage, on avait trouvé un renard dans un petit bois placé au bas des collines de St-Castin. L'animal monta à pic, et un chemin agréable permit à presque tout le champ d'arriver sur la hauteur ; les chiens étant tombés en défaut dans un sentier, se dispersèrent çà et là ; tout à coup trois couples de queue s'élancèrent dans un champ à côté et trouvèrent la piste. Ils descendirent vivement et sans un coup de voix ; aussi, bien entendu, le reste de la meute n'en sut rien. Le piqueur fut bientôt dans le champ suivi de quelques cavaliers, mais il ne corna pas. Ainsi la moitié des cavaliers et de la meute furent laissés en arrière. L'homme ne savait pas sonner quand son cheval était en mouvement et il avait la voix trop faible pour se faire entendre d'aussi loin ; dans le cas présent, il eut dû s'arrêter un instant pour crier : « Tally ho » et pour corner.

J'écrivis à ce sujet au Maître d'Equipage pour le prier de corriger cet homme de ce défaut, qu'on appelle « Slipping » (2). Et ce jour-là, je suivis Halsey en l'injuriant, pour qu'il s'arrêtât et se servît de son cor.

Après avoir sauté d'épais et traîtres obstacles à toute vitesse, et, sûr qu'il y en avait plus loin de pires encore, je cédai à la tentation de prendre un sentier qui allait vers la Lande, et quittai ainsi les douze chasseurs qui étaient avec moi. En arrivant dans la Lande, j'aperçus dans le lointain, les trois couples de chiens ainsi que le piqueur qui quittaient les champs cultivés et arrivaient sur un grand découvert. Je galopai alors vers le bois de Pau et les chiens étaient en défaut quand j'y arrivai.

Les cavaliers qui arrivèrent sur la scène entendirent distinctement la réprimande sévère que j'infligeai à Halsey pour la seconde fois.

Je reconnus que j'eus tort.

J'avais décidé de quitter Pau tout de suite et de donner ma démission de membre du P. H. ; mais grâce à la complaisance du Master, tout s'arrangea.

---

(1) Le droit, pour la piste droite (terme de vénerie française).

(2) Slipping : quitter le champ à la dérobée. (Note du traducteur).

Pour revenir à notre chasse, le gros de la meute arriva, chassant gaiement sur la voie déjà foulée et le reste du champ suivit. Les chiens repartirent ; et cette fois, le renard trouva la mort dans le bois de Pau.

Je vais essayer de décrire la chasse au point de vue du cheval et d'expliquer quels sont les signes qui permettent de savoir si le renard est captif ou sauvage.

A l'époque où le colonel Crosbie était Master, les chiens quêtaient dans un bois situé sur une colline raide qui était au sud et tout près du village de Buros.

Arrivés à l'endroit où le renard avait quitté son sac ils prirent la voie et descendirent rapidement la colline, sans dire un mot.

Pour une cause ou pour une autre, ils se récrièrent (1) joyeusement en montant le côteau en face et, perçant sur Morlàas, ils furent bientôt hors de vue dans le couvert. Le champ alla sur la route qui s'étend pendant quelques milles parallèlement aux côteaux, et, moi-même, suivant cette route, j'arrivai à un point d'observation, un peu trop en avant, c'est vrai. Mais si la meute était muette, ou plutôt déployée et muette par moments, les libertés que je pris violèrent à peine la loi ; car le premier avertissement que je reçus de la proximité de la chasse fut l'apparition subite d'un renard qui faillit sauter sur moi. C'est dans ce cas que je pensais à un « Duke » de ma connaissance qui est Maître d'Equipage en Angleterre.

Si le renard avait été sauvage, il y a cent chances contre une que je lui eus fait rebrousser chemin : il fit cependant des tours et des détours dans un jardin qui se trouvait là, derrière un cottage ; puis il partit au Nord sur un terrain cultivé, laissant derrière lui l'abri du bois, des côteaux et des grands terriers de Serres-Morlàas pour s'en aller dans la plaine découverte et sans abri, malgré le touya, pendant des milles en avant.

Bientôt après, un chien apparut, il courait sans dire un mot, son cou était raide ; il débrouilla la voie dans le jardin et enfila la route.

(Inutile de dire qu'il fallait pour cela que le renard eut une odeur très forte) (2).

---

(1) Se récrier, pour crier, donner de la voix (expression de vénerie).

(2) Lord Howth ne paraît pas avoir une très grande opinion de la finesse de nez de ses chiens.

La meute arriva et il s'en suivit une bonne chasse. Le renard courut assez bon train sans faire de pointe décisive et traversa pas mal de districts cultivés avec beaucoup d'obstacles.

Il y eut un épisode que je m'abstiens de raconter qui est une preuve évidente de la force de l'odeur de ce renard.

Plus tard il montra qu'il n'était pas du pays en sautant dans un champ de touya. La manière insensée dont la pauvre bête montait et descendait les sentiers lorsqu'il fut fatigué, prouvait également qu'il était dans un pays complètement inconnu. Il y eut pour moi huit preuves (pas toutes infaillibles cependant) qu'il était captif.

Permettez-moi de vous démontrer comment les renards eux-mêmes donnent des preuves qu'ils ne sont pas du district.

Le bois de Pau est énorme et dans toutes les contrées d'Angleterre, il serait regardé par les renards comme une forteresse.

Pendant que M. Thorn était Maître d'Equipage, les chiens traversaient un soir la route de Bordeaux, en face du terrain d'entraînement des chevaux de courses, et le renard se trouva obligé de sauter la barrière en bois qui le limitait.

Il prit son élan pour passer, mais n'ayant pas réussi, il fit demi-tour et retourna à son contre-pied sur la lande. Or à deux cents pas de là, il y avait un trou dans la clôture et tout de suite après un superbe couvert : il repartit cependant vers la lande.

Pour terminer, voici encore un exemple qui démontre comment le renard sauvage évite le touya qui lui pique les pattes.

Le bois d'Idron présente un beau couvert qui se trouve à deux milles des limites de la ville ; et le bois de la Madeleine, point où le renard déjà cité voulait aller, en est situé à trois milles environ, plus loin se trouve le bois de Pau.

Il y a deux chemins de renards pour aller d'Idron à la Madeleine : le premier se trouve à gauche et passe par les districts extérieurs de la ville de Pau.

Il s'y trouve beaucoup d'habitations ; les champs sont pleins d'hommes et de chiens et le renard y fait des rencontres désagréables. L'autre chemin s'en va à droite de la route de Tarbes, mais le parcours est parsemé de carrés de touya, coupés par des champs cultivés.

Le jour en question, les chiens furent un moment à Idron ; et pendant que j'inspectais le pays tout autour, j'aperçus cinq ou six cavaliers qui galopaient vers la route de Tarbes : ce qui me donna la certitude que la meute avait un renard à vue. Je descendis un sentier au galop et j'arrivai à la route de Tarbes au moment juste où les chiens venaient de passer suivis de cinq ou six cavaliers qui suivaient une route parallèle. En arrivant près de la meute, je vis qu'il y avait parmi eux quelques chiens français et que le tout formait un nombre de sept ou huit couples. Le huntsman et le whip n'étaient pas là. Au moment où nous passions la route de Tarbes, un gentleman de mes amis, qui était sur la route, debout près de sa voiture, me cria que deux renards traversaient la route ensemble. Ces deux renards avaient été mis debout par quelques cavaliers dans un champ de touya, près d'Idron. J'étais donc persuadé que nous chassions un véritable animal sauvage.

La petite meute alla directement aux côteaux, en face de Morlàas. Devant elle, se trouvait une large étendue de champs de touya : le renard n'eut pas la moindre idée de les traverser, car en arrivant au bord de la rivière de l'Ousse, il tourna à gauche dans la direction du bois de Pau et courut à côté des joncs qui poussaient sur ses bords. Ces joncs offrirent au renard un bon chemin pour galoper et il évita ainsi le touya détestable qui l'entourait.

Les chiens coururent admirablement sur ce terrain où la voie est toujours bonne, jusqu'à la route de Morlàas. Au pont, il y a une auberge du nom de « Auberge du Pont-Long », très fréquentée par les voyageurs, etc., etc... Tournant alors à droite, le renard traversa deux champs cultivés, la route de Morlàas, et arriva dans un sentier bordé de touya des deux côtés, qui menait dans une avenue mouillée et boueuse (ressemblant à un fossé Gallo-Romain); puis arrivé là, il se mit à faire des tours et des détours. Il arriva dans un chemin vicinal de la ville qui va directement en ligne droite au bois de la Madeleine.

La route était large et tout près se trouvaient des champs couverts de touya, mais l'animal s'en méfia.

Le temps s'écoulait et le sentiment devenait de plus en plus faible; néanmoins, quelques-uns des chiens suivaient toujours : les chiens français s'arrêtèrent, comme ils le font souvent.

Après une course considérable, les chiens tombèrent en défaut; mais tout à coup l'un d'eux eut connaissance de la voie et partit tout doucement. La meute chasse lentement jusqu'au bois de la Madeleine. Au coin, il y avait deux habitations que je connaissais pour contenir quelques chiens mâtins qui avaient l'habitude de sauter après les cavaliers et les chevaux. Le renard qui savait tout cela aussi bien que moi, traversa un champ de touya parsemé d'herbe jaune (preuve que les épines n'étaient pas en grande quantité) et arriva sur le chemin où passent les voitures chargées du touya qu'on a coupé et que traînent les bœufs ; et de la route de Buros, il sauta dans le bois de la Madeleine. La petite meute avait très bien chassé en forlongé et comme elle allait doucement, le renard augmentait toujours son avance.

Le reste de la meute et les chasseurs, qui, je crois, chassaient un autre renard à Idron, arrivèrent à ce moment.

Ce qu'il faut remarquer, c'est la façon adroite dont le renard avait choisi son chemin en ne traversant qu'un seul champ de touya.

Le touya trahit de suite l'identité d'un captif et donne des preuves de l'authenticité du renard sauvage.

Je vais parler un peu de la chasse du Drag à Pau.

DU DRAG

Sous le « New Departure » le drag alternait avec la chasse au renard. Avant cette période, on courait un drag tous les deux jours avec un renard lâché à la fin, et douze couples de chiens formaient la moyenne de la meute.

En 1891-92, on ne découplait souvent que quatre chiens derrière un mauvais renard de montagne.

Sous M. Maude (1892-93), les lignes de drag étaient tracées sur de durs obstacles, et c'est là la raison qui fit augmenter à M. Larregain le prix de ses chevaux de louage.

Je n'ai jamais chassé avec Sir Victor Brooke, mais je sais que les drags passaient sur des contrées où les obstacles étaient des plus difficiles.

Les articles des journaux, tant anglais que français, aussi bien que le ton des conversations de chasse, indiquaient le désir ardent de porter au pinacle les drags, vu les vicissitudes subies par les cavaliers.

De terribles passages de routes, de hauts talus, des tombeaux (vrais

pièges à chevaux), des branches qui enlevaient les cavaliers de leur
selle, une barrière fermée à clef dans un sentier étroit, etc..., faisaient
sans doute tomber les chevaux, et si le train était sévère, selon les
idées anglaises, il fallait vraiment un bon cavalier pour continuer avec
des chiens vites ; mais il n'y a jamais eu un drag, tant en Angleterre
qu'en Irlande, qui soit considéré comme héroïque. Ce n'était donc pas
l'intérêt de la chasse de Pau de courir ces drags comme ils l'étaient
avec cinq couples de chiens seulement.

Il est toujours naturel que les jeunes membres de la chasse attachent
une grande importance à la vitesse exagérée ; mais une meute qui n'eut
pas été assez vite pour « Le Household Brigade » ou les « Guards de
Windsor » dans un pays très découvert, aurait dû être, il me semble,
trop rapide pour Pau. Si je ne me trompe pas, j'ai cependant lu en
anglais, que la meute de Pau était la plus vite existante. (Le chien le
plus vite d'Angleterre, s'il a peu d'encolure ou une jambe difforme,
vaut dans les 3 livres sterling.)

On dit que les chiens de renard ont battu les meilleurs chevaux de
course de Newmarket ; et, longtemps après avoir eu le plaisir de
chasser avec la meute du Duke de Beaufort, j'ai entendu parler d'un
match entre sa meute et les meilleurs chevaux de course, pour un
enjeu de mille livres sterling, sur une distance de quatre milles en plat,
avec un drag. Malheureusement ce match ne put avoir lieu.

Comme preuve de leur vitesse, en 1875, feu Whyte Melville et moi,
nous chassions avec les mâles de cette meute, un mercredi, dans la
contrée de Brinkwooth ; il m'a dit depuis qu'il n'a jamais vu des chiens
aussi vite. La même observation a été faite, cette même saison
(1893-94), par Sir John Nugent, actuellement à Pau, qui était sorti
pendant quelques jours avec eux.

J'ai un penchant très marqué pour les travaux d'un héros. De
même les faits héroïques à cheval demandent beaucoup de tête et de
courage quand il y a de terribles obstacles à sauter.

J'envoie tous mes compliments à ceux dont je parle plus loin, qui
étaient tous mes amis ou connaissances.

D'abord au bon et aimable chasseur qui a sauté les obstacles les
plus formidables dans son pays natal du Midland.

Ensuite à Campbell de Monzies, lorsqu'il s'assit à un lunch au
champagne, en face de l'endroit où il avait franchi les eaux sombres de
l'Avon en Warwickshire près de Birdingburg à une place insautable.

A mon ami, Georges Moore, quand il invitait toute la société aristocratique de Melton à le voir passer, dans un excellent style, par dessus le mur de Croxton Park, monté sur son poney alezan.

A Burton Persse, du Galway Blazers, courant vers la rivière à Kelloway's Mills avec la meute de Beaufort.

« Elle a 20 pieds de profondeur » cria un paysan qui se trouvait là. « Elle en aurait 40, que je passerais quand même », répliqua le vétéran, et il saute sur l'autre bord avec un sang-froid et une souplesse admirables.

> Of all the hard riders that ever were seen
> I never met any like Johnny Gurteen.

telle était la rime composée pour le père de Lady Nugent. Il y a des souvenirs de ses tours de force à Cattle Pound, près de Dessart, dans le comté de Kilkenny où il galopa maintes fois.

Honneur à Black Denis, de Connaught, qui, monté sur Alhambra, sautait à la chasse des murs de sept pieds comme rien ; et dont on peut se figurer l'héroïsme d'après la description des formidables obstacles qui se présentent dans les drags américains.

Laissez-moi faire remarquer que je ne cherche pas à tourner en ridicule la chasse de Pau. Je me permets cependant la petite digression suivante :

> There was a man of Thessaly, and he was wondrous wise.
> He jumped into a quickset hedge and scratched out both his eyes.
> When his eyes were hout, he roared with might and main,
> And jumped into another hedge to scratch them in again.

Il y avait un homme en Thessalie qui était très sage ; il sauta dans une haie épaisse et s'arracha les yeux. Une fois ses yeux arrachés, il cria de toutes ses forces et sauta dans une autre haie où il reprit ses yeux.

C'est un peu ce qui arrivait lorsqu'on chassait avec les rapides chiens du drag sur les obstacles de Pau en 1891-92.

J'ai encore un autre thème « Vogue la Galère ».

C'est l'influence de la célébrité : un sentiment qui se fit jour dans tous les siècles et dans tous les pays. Il permet aux gentlemen de supporter des inconvénients sans nombre dans les champs de chasse anglais.

Il y en a qui vont jusqu'au martyre. Je n'en excepte pas ceux qui chassent à Pau et à Biarritz, tant ils sont enragés pareillement.

En Angleterre, quels que soient vos talents équestres et votre peu de goût pour la chasse, vous êtes fasciné par l'idée d'être affilié à une société de chasse dans une belle contrée d'herbe.

Il est vrai que vous étiez beaucoup plus heureux lorsque vous chassiez avec les « Brighton Harriers » sur les « Downs » sans barrière, mais cela ne fait rien. Maintenant que vous avez payé une belle souscription à la meute, vous avez des relations avec la meilleure société, vous citez les vaillants exploits des bons cavaliers, l'adresse du piqueur, les prouesses de la chasse. Lorsque vous êtes avec des sportsmen étrangers, vous pouvez dire le mot « nous » en parlant de votre illustre chasse.

Quand arrive le jour où vous prenez part à la chasse, la belle nature vous a donné une contrée où vous pouvez voir pendant des milles ; la main de l'homme a arrangé des petits chemins et des lignes de barrières, et, devant vous, se trouve assemblée une troupe élégante de cavaliers de deuxième classe que vous n'avez qu'à suivre sans aucun risque pour vos nerfs. Le vieux guide vous conduirait bien jusqu'au check (ou fin) d'une chasse ordinaire en moins de cinq minutes après le départ.

Mais de nouveaux rapports avec le monde vous attendent ; si vous êtes un « Ladysman » quel succès aurez-vous, lorsque vêtu de votre gilet blanc comme neige, de votre habit écarlate au col blanc avec des boutons étincelants sur lesquels des initiales magiques sont marquées (qu'elles soient « X. H. » ou autres), et de votre fleur à la boutonnière, vous vous montrez au bal champêtre !! dont vous êtes, en somme, un des élites.

Les influences de la mode pèsent d'un grand poids sur les fidèles habitués de la chasse. Il y a déjà longtemps, les quatre M... habitaient ensemble Melton. L'un d'eux ne courait jamais de risques inutiles dans un pays et achetait des hunters de la meilleure performance que l'on pût trouver. Il était très minutieux et demandait au valet d'écurie si ses chevaux étaient en état de sortir ou bien lui disait de choisir la meute qui offrirait le meilleur sport.

Voici la conversation que j'ai entendue à côté d'un couvert : « Je crois que vous disiez que les chiens venaient de trouver un renard ? Oui, fut la réplique. Merci, je vais rentrer chez moi aussitôt que j'aurai allumé un cigare ! » Ce monsieur était de la garde Royale, et connu sous le sobriquet de *Roquette*. Il avait la réputation d'être fort à la boxe ; et, cependant, il était plus maladroit encore à la boxe qu'à la chasse !

Je me rappelle avoir entendu parler, il y a longtemps, des gémissements d'un vrai « Masher » à son valet, le jour d'une chasse parce que ses bottes à revers ne brillaient pas comme d'habitude : « Dites donc, comment peut-on monter avec des bottes pareilles ? »

Mon vieil ami, J.-B..., me vient à la mémoire. C'était un des meilleurs clients de M. R. Chapman, de Cheltenham, et ses chevaux étaient superbes. Chaque année il commençait sa saison le plus tard possible ; et une fois, il fit sa rentrée un peu après les ides de Mars.

NOTE SUR LA CHASSE DE BIARRITZ

Le sport s'est beaucoup développé à Biarritz en ces derniers temps.

Le pays n'est pas favorable à la chasse pour deux raisons, savoir : le nombre des cours d'eau traîtres et marécageux, et les ravins qui coupent la chasse.

Si un sportman entreprenant voulait faire construire de 30 à 50 digues ou chaussées sur ces deux obstacles au prix de peut-être 100 francs chacune, on pourrait alors chasser le drag avec agrément, pourvu que les chiens crient, si l'on veut pouvoir se rendre compte où ils sont. La chasse eut longtemps beaucoup de peine à prendre racine.

De bonnes chasses de renards captifs avaient lieu, sans doute, et cependant, les chasseurs étaient peu nombreux ; je crois aussi que les chiens étaient lents.

Biarritz marqua un bon point dans sa chronologie de chasse, sous l'administration de M. Labouchère, qui avait chassé pendant quelques années avec une meute de chiens, courant sur le Surrey. Il était connu en Angleterre comme cavalier imbattable, et à Biarritz, il était « facile princeps ». Il amena avec lui une splendide meute de vrais chiens pour la chasse au renard (plutôt petits). Ils couraient dans ce pays difficile, soit après un renard, soit derrière un drag avec une rapidité extraordinaire : ce qui doublait, pour les chasseurs, la difficulté de se tenir avec eux.

Mais « Vogue la Galère » l'emporta et la souscription qui était de 500 livres, deux années auparavant, s'éleva en 1891-92, à 800 livres, Le nombre des personnes qui chassaient montra que le goût se développait pour ce sport ; et plus de cinquante cavaliers se trouvaient quelquefois au rendez-vous de la ville.

Il fut bientôt reconnu que, sauf le Maître et quelques rares cavaliers, le champ ne pouvait pas suivre les chiens et affronter le pays. Biarritz a un avantage sur le district de Pau : il n'y a pas d'arbres sur les talus. Sauf quand les chiens montent un ravin, on peut les voir à une grande distance dans le pays qui s'étend vers les montagnes. M. Labouchère, qui était un brave homme, se décida à faire courir ses drags parallèlement à la route ou vers les points qui donnaient de bonnes dispositions d'observation et ainsi faisait-il plaisir au champ. La majorité des souscripteurs qui avaient payé 800 £ apprit qu'elle ne pouvait ni suivre les chiens, ni jouir du sport aussi bien qu'avec une meute lente.

RETOUR SUR LES CHASSES DE PAU

Le nombre des chasseurs sortant pendant la saison et la moyenne journalière témoignaient combien le sport était en faveur ; les bénéfices sociaux et commerciaux de Pau augmentaient grâce à la chasse. Il est inutile de faire des controverses sur ce sujet parce que les principaux journaux et surtout le *Journal des |Etrangers* donnent la liste de ceux qui ont pris le champ pendant la semaine.

L'année dernière on m'a envoyé le *Journal des Etrangers* du dimanche 27 novembre 1892 dans lequel j'ai lu l'histoire intéressante de la chasse de Pau, dont j'ai déjà parlé ci-dessus. Il y avait une liste de dames et de messieurs qui avaient chassé pendant la semaine, et les récits du sport. Je puis dire en passant, qu'un jour, à une chasse à Bordes, on a dit que la meute avait pris quatre renards dont deux avaient été déclarés sauvages ; mais on avait été obligé de reconnaître les deux autres comme captifs.

La liste des dames et messieurs qui ont chassé pendant cette saison-là, est la suivante (je prie ces dames et messieurs de bien vouloir m'excuser d'avoir cité leur nom):

Mme Forbes Morgan ; Mlles Hutton ; Le Maître d'Équipage (1); M. et Mme Dalziel ; Colonel T. Crosbie ; Wheeler ; Rogers ; E. et J. Baron ; Morse ; Baron d'Este ; F. Morgan ; Comte d'Evry ; Sir J. Nugent ; H. Hutton ; Dr Green et W. Lawrance.

Le fait saillant de cette liste est que, sauf M. Wheeler, les personnes citées sont toutes des membres acclimatés de la chasse de Pau.

M. Dalziel, gentleman anglais, chassait depuis deux saisons seulement, mais les autres connaissaient le pays depuis de longues années.

Une autre remarque de cette liste, c'est qu'il n'y figure que deux français, le baron d'Este et comte d'Evry.

Un Français haut placé, souscripteur de la chasse, chassait, je crois, avec sa propre meute cette année-là (2).

Les années précédant le régime « New Departure » il y avait de de grands champs très tôt dans la saison et je suis convaincu que l'ouverture de la chasse régulière a été retardée, dans ces dernières années, par suite du manque de chasseurs.

La liste ci-dessus ne contient que les noms de 16 gentlemen et le *New-York Herald*, dans la saison précédente, comme je l'ai déjà dit, annonçait qu'il n'y avait que 15 chasseurs suivant régulièrement les drags, outre quelques-uns qui montaient, mais ne suivaient pas.

En 1891-92, j'ai constaté (sauf rectification) que depuis la première semaine de novembre, jusqu'à la fin de la saison, le nombre moyen de chasseurs a été de 35 à peu près par jour.

Il est à remarquer que très peu de dames ont monté régulièrement, à toutes les chasses que j'ai vues.

La saison dernière, à partir du commencement de Janvier, le nombre de chasseurs augmenta beaucoup.

D'autres attractions, outre la chasse, firent grandir les champs pendant le printemps à Pau ; cependant les deux tiers au moins des nouveaux venus ne pouvaient aimer le régime sévère du programme de 1891-92, et leurs chevaux, qui n'étaient pas habitués au pays, man-

(1) M. F. W. Maude.

(2) C'était le Baron Lejeune.

quaient totalement de la condition si nécessaire pour le drag ou les longues chasses au renard de cette saison-là.

Il paraît que les mots « Vogue la Galère » si souvent cités, qui interprètent la réputation de vitesse dont jouissent les chiens de Pau, les sorties nombreuses, l'expérience et la bonne équitation des chasseurs, les articles élogieux de la Presse, ont exercé leur influence en augmentant le nombre des chasseurs.

Les martyrs de la mode de seconde classe et les chasseurs moyennement montés ont été très éprouvés pendant la saison 1891-92, comparativement aux facilités qui leur sont offertes pour voir le sport et les chiens dans les bonnes contrées d'Angleterre et d'Irlande ; ce qui les rendit bien naturellement, ce qu'on peut appeler « timides » pour venir à Pau au commencement de la saison : et des cavaliers, même de première classe, furent également gênés par la difficulté qu'il y avait de se procurer des chevaux pouvant vraiment suivre les chiens sous le régime des deux dernières saisons ? Les gentlemen qui, comme moi, avaient le goût de la chasse à Pau, eurent beaucoup de peine à avoir des hunters bien dressés.

En général, le hunter irlandais qui a de l'expérience est le seul bon à monter, pour les gentlemen qui viennent à Pau pour chasser, mais il arrive assez fréquemment que ceux qui sautent ne peuvent pas galoper.

M. John Watson de Bective, dans le comté de Meath, est le meilleur exportateur de hunters pour Pau, car il sait parfaitement le genre de chevaux qu'il faut.

Pendant l'automne de 1891, je lui écrivis, et il me répondit qu'il ne connaissait qu'un cheval irlandais à vendre à un prix qui me conviendrait. Il appartenait à M. Hale Dare, du comté de Wexford, et je l'achetai. La difficulté qu'éprouvent les étrangers à trouver des chevaux qui puissent marcher le train sévère du « New Departure » empêchera toujours fatalement le nombre de chasseurs d'augmenter beaucoup. Je me garderai bien ici de faire allusion au Maître d'Equipage populaire et heureux, Sir Victor Brooke, qui succéda à M. Maude en 1885-86 et qui fut le promoteur enragé du « New Departure » ; j'étais son meilleur ami et je souscrivis à la meute, quoique absent de Pau, pendant son Mastership.

Nous eumes une légère querelle à propos de la qualification de sauvages qu'un journal anglais, dans plusieurs de ses articles, avait donné à nos renards.

Sir Victor était infatigable ; il fit ce qu'il put pour avoir le meilleur sport, montait admirablement à cheval et était excessivement populaire. Ses nombreux admirateurs lui offrirent une pièce d'argenterie, au moment de son départ. Je tiens à dire ici que le superbe établissement du chenil situé sur la route de Morlàas, a été donné par Mme Torrance en mémoire de son fils, tué en steeple-chase à la Croix de Bermy, près de Paris, ce qui a privé la chasse de Pau d'un de ses meilleurs cavaliers et plus fermes soutiens. Son parent, M. W. K. Thorn compléta le don en faisant installer le téléphone qui relie le club au chenil.

CONSIDÉRATIONS SUR LA CHASSE DE PAU

Dans la deuxième partie de ce récit, je vais essayer de montrer comment la chasse au renard, telle qu'on la comprend en Angleterre, peut être établie à Pau, surtout dans les districts de l'Est.

Pour plaire aux lecteurs qui n'ont pas eu le plaisir de chasser dans les îles Britanniques, je décrirai aussi quelques caractéristiques ayant des rapports avec cette chasse.

LA VOIX DES CHIENS

Les sportsmen qui ne sont pas uniquement préoccupés des luttes de vitesse, apprécient beaucoup les chiens qui se récrient joyeusement. Les poètes ont chanté cette musique, et Milton, lorsqu'il discourait sur le plaisir de la vie, s'écriait :

> Oft listening haw the hounds and horn
> Cheerly rouse the slumbering morn (1)

---

(1) Souvent je prêtais l'oreille aux chiens et au cor, qui réveillaient gaiement le matin endormi.

Peu nombreux sont les jours et rares les heures où l'odeur du renard sauvage est forte et reste au-dessus de la tête des chiens ; ils courent alors la tête en l'air, l'arrière-train baissé, c'est-à-dire à toute vitesse. C'est seulement dans ce cas qu'ils ont une excuse pour rester muets ; mais dans toute autre circonstance, lorsque les chiens sont sur la piste du renard, on devrait entendre leur voix. Dans des pays d'herbages, où la vitesse est une considération primordiale, les chiens qui mènent devraient crier et les autres rester muets, en tâchant de se tenir tout près, ce qu'on appelle « rallier à la voix » (1). On admet cependant que dans les pays où les clôtures sont près les unes des autres, où l'on perd souvent les chiens de vue, comme à Pau par exemple, les cavaliers seraient heureux d'entendre les chiens et de voir leur train ralenti.

L'esprit actuel, à Pau, est malheureusement d'un autre avis.

La contrée de Kildare, en Irlande, est très ouverte et c'est un beau pays pour voir courir les chiens. En voici un exemple :

Il y a bien des années, je montais un « hack » pour aller voir la chasse à Castle Bagot, à 8 milles anglais de Dublin.

Un renard fut lancé par les chiens dans un champ d'ajoncs. Il traversa rapidement la route de Dublin, laissant Johnstown Kennedy sur sa droite ; et arrivant au sommet de la colline, il tourna vivement à gauche et entre dans les ajoncs de Coolmines.

J'étais resté sur la route de Dublin et la contrée était tellement découverte que je pus voir les chiens et les cavaliers jusqu'à ce qu'ils ne fussent plus qu'un petit point noir à l'horizon.

M. J. Gildon Mc Gildoway, monté sur un cheval gris, tint la tête d'un bout à l'autre.

Les chiens, dits de *récri*, ne sont pas nécessaires en Irlande, à cause du manque d'arbres et de la nudité des terrains qui permettent aux cavaliers de première ligne, ainsi qu'à ceux qui suivent sur des chevaux moins vites et à ceux qui suivent les routes, de voir devant eux à perte de vue et de très bien apercevoir la ligne suivie par les chiens.

Dans les contrées boisées d'Angleterre où la vue est masquée, on se sert de chiens ayant beaucoup de voix, et dans le pays de Galles où,

---

(1) Expression de vénerie. (Note du traducteur.)

comme à Pau, la contrée est très fourrée, semée de ravins, de collines escarpées, de bois, de marécages, etc., etc., on a un chien spécial à gros poil qui ressemble au chien de Vendée français et qui donne beaucoup. Quoique lent, il a de l'endurance et le nez très fin.

C'est le genre de chien qu'il faudrait pour la partie Ouest du pays de Pau.

Au Nord et à l'Est, où la contrée est plus ouverte, le chien courant ordinaire d'Angleterre est préférable.

BOUCHAGE DES TERRIERS

Le trou où habite le renard et où la renarde élève ses petits s'appelle « terrier ».

Il y a beaucoup d'autres trous, tels que les égouts, les trous de lapins ; les terriers de blaireaux, etc., où le renard se réfugie lorsqu'il est poursuivi. Il quitte sa maison tôt dans la nuit ; c'est à ce moment que « le boucheur de trous », muni d'une lampe et d'une pelle, devrait boucher les ouvertures. Lorsque le renard voit que sa maison est fermée (elle se trouve généralement dans un couvert), il fait son lit pour la journée dans l'ajonc ou le taillis le plus près.

Quelques renards ne rentrent pas dans les terriers, mais vivent ce qu'on appelle « sur terre »; lorsqu'ils sont chassés, ils se mettent à l'abri dans les trous.

Il arrive que, parfois, le boucheur de trous, ayant fait son travail, le renard poursuivi essaye de se réfugier dans les égouts ou dans les trous du voisinage ; il est nécessaire d'employer le « Morning stop ».

On a recours à un « put to » lorsque, après une longue course, les chiens ne sont plus dans le pays préparé ; le whip galope alors vers le couvert que l'on veut battre ; s'il ne rencontre pas le garde, il pratique lui-même l'opération de boucher le terrier principal dans l'espoir d'empêcher les renards de s'y réfugier.

« Permanent stopping » signifie : boucher pour toujours les terriers des renards et il faut le faire avec beaucoup de précaution car si l'on bouche tous les trous, les renards peuvent quitter le pays, surtout si les couverts et les bois ne leur offrent pas un assez bon abri. En Irlande, on y fait grande attention et l'on prend beaucoup de peine au bouchage des terriers ; car par suite du nombre restreint des bons couverts, les renards se terrent très facilement.

Pendant que j'écrivais ces lignes (14 Novembre 1893), j'ai reçu une lettre de M. Watsch, Maître de la meute de Meath, dans laquelle il m'informait qu'à cause de la sécheresse, les égouts des fermes étaient à sec et que les renards s'y logaient de préférence aux couverts.

Lorsque j'étais maître de la meute de Kilkenny, suivant les habitudes du pays, j'employais deux « Warners » (gardes préposés aux renards) ; Tiernan, qui était toujours à cheval, et Dooley. Ils étaient, hiver comme été, constamment occupés aux soins des renards et veillaient à ce que les gardes des couverts fissent bien leur devoir.

Le pays de chasse de Meath s'étend d'auprès de Dublin jusqu'à Looh Sheelan, dans le comté de Cavan, sur une longueur de 60 milles. Les bois, dans la meilleure partie du pays, sont très clairs et les renards se terrent dans les trous de lapins et les caniveaux, comme je l'ai déjà dit.

Le « Out Stopping » est surtout fait par les bergers dans les grandes fermes de pâturages ; le nombre en est considérable, comme en témoigne l'état de solde. Des gentlemen, résidant dans la contrée, viennent également au secours du Maître d'Equipage, en faisant tout ce qui est nécessaire ; ils remettent leur facture au secrétaire de la chasse à la fin de la saison.

Cependant il est impossible de boucher les trous, les caniveaux, etc. lorsque le temps est trop sec.

Feu sir Victor Brooke, lorsqu'il était maître à Pau, avait fait des efforts énergiques et couronnés de succès pour boucher les innombrables terriers dans les environs de Pau.

LE TOUYA

Tel est le nom que l'on donne au mélange de bruyère, d'herbe et d'ajoncs épineux qui couvre toute la contrée de Pau. Le guide nous dit qu'il s'étend jusqu'à 40 kilomètres de Pau vers le Nord. Au Nord et à l'Ouest, l'élément épineux domine plus que vers l'Est. Dans les plaines

découvertes et dans les plus grandes clôtures, on le fauche une fois
tous les trois ans. Dans sa troisième année, il offre un bon abri aux
renards. Des milliers d'acres en sont couverts, qui ne voient jamais la
faux et forment une série de couverts, plus difficiles à pénétrer les uns
que les autres ; mais ils ne sont jamais assez clairsemés pour permettre
aux chiens de passer au travers et de trouver l'animal rusé.

Il y en a une grande quantité dans le « Home Country » et surtout
dans les immenses jachères. C'est là que le touya forme une habitation
parfaite pour le renard. Le chasseur d'Angleterre serait très heureux
d'en trouver autant dans les contrées d'herbages. Le renard, à ce qu'on
m'a dit, se fait un chemin à travers l'ajonc enchevêtré qui couvre les
fossés et y trouve ainsi un repaire inexpugnable. Dans les îles Britanniques, l'ajonc est considéré comme étant le « chez soi » le meilleur
pour le renard qui, en général, préfère y rester plutôt que dans les bois
ou les autres refuges qui lui sont offerts ; mais si l'on veut y avoir du
renard, il faut que la plante soit cultivée. On peut citer beaucoup
d'exemples d'ajoncs que l'on a plantés dans les bois et d'autres couverts
afin d'y attirer la race vulpine.

Desart, dans la contrée de Kilkenny, est un domaine où jadis les
bois et taillis étaient en quantité considérable.

Cependant on y planta un champ d'ajoncs pour y tenir les renards.

A Badmington, centre scientifique de la chasse, les couverts d'a-
joncs sont si près du chenil que les renards peuvent très bien entendre
la voix des chiens. Cette localité est familière à beaucoup des membres
de la chasse de Pau. Lorsqu'on va de Londres à Brighton, avant d'arriver aux « Downs », on voit tout autour de soi des bois et couverts
immenses ; près de la gare de Hassock Gate, si l'on regarde par la por-
tière, on voit à gauche une plantation d'ajoncs sur les remblais. Il y a
là très probablement plus d'un membre de la famille des renards
secoués dans leurs demeures par la trépidation des trains qui passent.

J'ai vu attaquer un renard dans cet endroit par la meute de South
Downs.

Près de Reading, sur la ligne du chemin de fer (Great Western), il
y a aussi des remblais en ajoncs très fréquentés par les renards.

La morale à tirer de ces récits pour la chasse de Pau est très
simple :

Les bois ne sont pas la demeure favorite des renards surtout lorsque, comme à Pau, ils sont constamment dérangés non seulement par les chiens, mais aussi par les chasseurs à tir et les mâtins du pays.

En Angleterre, lorsque l'on chasse le renardeau, il est très commun de voir la meute passer à travers les animaux, qui courent çà et là stupidement, sans qu'ils s'effarent, ce qui prouve qu'ils n'ont jamais été dérangés par des mâtins ou autrement.

J'ai fréquemment chassé à Pau, dès les premiers jours de l'ouverture, mais je n'ai jamais vu une meute passer à travers des renardeaux.

A la première chasse que l'on fit au bois de Morlàas, en 1891-92, on trouva deux renards, un vieux et un jeune. Le premier jour, dans les couverts de Serres-Castets, il y en avait deux.

Dans le grand bois de Sauvagnon, je n'en ai vu qu'un seul devant les chiens, la première fois où l'on a chassé cette saison-là. Le colonel Crosbie (1890-91) chassa plusieurs fois à Serres-Morlàas, il n'y trouva que deux renards qui tous deux se terrèrent dès qu'on les dérangea.

J'ai vu souvent la meute essayer de trouver un renard dans le touya, mais ses efforts ne furent couronnés de succès que deux fois seulement à ma connaissance.

En dehors de la belle chasse dont j'ai déjà parlé, sur la colline d'Higuères, et d'une autre partie d'un touya qui se trouve sous les côteaux d'Andoins (lorsque le colonel Crosbie était Maître d'Equipage), les difficultés que l'on a pour chasser le renard sauvage autour de Pau ont toujours été si formidables que MM. Cornewall et Standish, qui ne chassaient que des renards sauvages, se transportèrent à Bordes, 10 milles à l'est, et y dépensèrent 800 livres sterling à la construction d'un chenil.

Il est intéressant pour la chasse du drag de faire une rapide inspection du district des Landes, car il faut se rappeler que si le drag traverse un seul champ de touya, les épines piquent tellement les pattes des chiens, que la meute est obligée de se mettre au pas.

L'étendue du pays, barrée par cet obstacle désagréable, est très grande ; il arrive souvent que le faiseur du drag a bien de la peine à éviter un ou plusieurs champs de touya.

Lorsque l'on est sur la colline au bois de Morlàas, l'œil peut errer de Sendets dans la vallée jusqu'à la plaine qui s'étend au-delà du bois de Pau et près d'Uzein, soit une distance de 20 kilomètres ; et c'est toujours du touya que l'on voit. C'est du reste la même chose pour tout le pays qui s'étend autour de Sedzère. Le pays en question est une plaine onduleuse longue de 35 kilomètres qui va d'Auriac aux Landes. Les champs cultivés, qui coupent la plaine, ne manquent pas, mais le touya est toujours abondant.

Ce touya, fauché tous les trois ans, sert de litière aux chevaux et bestiaux et devient ensuite un excellent engrais.

J'ai examiné de près le touya une fois fauché et je suis persuadé qu'il ne fait pas bon galoper dessus tant pour les chevaux que pour les chiens. On y trouve quelquefois aussi des taupinières, comme dans les meilleurs pays d'herbe anglais.

Leicestershire in France

or the Field at Pau

✕ ✕ ✕ ✕ ✕

DEUXIEME PARTIE

RÉCIT D'UN MAITRE D'ÉQUIPAGE DES P. H. EN 190...

Ἀργυρέοις λόγχα ισι μάχου καὶ πάντα κρατήσεις.

Ainsi disait le vieil oracle grec, ce qui signifie : « Si vous dépensez beaucoup d'argent, vous êtes sûr de réussir ». Avant de commencer le récit de Leicestershire en France, je veux dire un mot des dépenses qui ont quelquefois été faites par des gens riches pour établir et pratiquer leur sport favori au grand air.

Le colonel Thornton, dans ses mémoires, nous raconte que la famille de Condé possédait 500 chevaux et 100 couples de chiens dans leur établissement de chasse de Chantilly. Feu Richard Sutton chassait dans le pays de Quorn huit fois par semaine avec deux meutes distinctes, placées dans des localités différentes.

Un Lord bien connu autrefois dans les comtés de l'Est dépensait énormément pour son matériel de chasse, ses écuries, ses chevaux et ses forêts de cerfs. A la page 228 de « Memini » M. Morris dit que « il y a quelques années, un gentleman irlandais, nommé M. Gubbins, lorsqu'il était Maître d'Equipage, dépensait 30.000 livres sterling à la construction des écuries et des chenils ».

On m'a dit d'autre part et sous toutes réserves, que M. Wynans, un gentleman américain célèbre pour ses chasses aux cerfs, dépensait à peu près 15.000 dollars par an, en location de forêts, sans compter les dépenses courantes.

Sans doute il arrive souvent que des gentlemen très riches dépensent de 8 à 30.000 livres sterling par an pour satisfaire leurs goûts pour le sport, en dehors des autres dépenses.

Dans ces notes trop volumineuses, j'ai essayé de démontrer comment en 19... la ville de Pau obtiendra une célébrité telle comme centre européen de la chasse au renard, qu'elle pourra être considérée comme l'une des villégiatures d'hiver les plus riches du continent.

J'ai longuement décrit comment la chasse au renard peut y être établie, comment elle y peut être rendue très intéressante (sauf, bien entendu, l'excitation des compétitions de vitesse) et l'avantage qui peut en résulter non seulement pour le midi de la France, mais pour d'autres endroits encore.

Après avoir été Maître d'Equipage pendant 7 ans, j'ai été amené à trouver que la responsabilité des détails d'une chasse, où l'on voyait souvent un champ de 200 cavaliers pendant la pleine saison, était vraiment trop forte pour moi.

Mon successeur avait quelques années d'expérience de Pau ; c'était un excellent sportman, avec cela très riche, ce qui l'aida beaucoup dans sa tâche (1).

Voici ce que j'ai à dire pour mon compte :

La chasse au renard était le sport favori de mon père : il avait une bonne rente sur l'Etat et plusieurs fermes d'herbages dans un comté d'Irlande. Pendant de longues années, il eut les chiens de Thorpe, une meute de province anglaise bien connue, qui sortait trois fois par semaine.

A l'âge où l'amour du sport naît d'un esprit ardent, je fis de mon mieux pour connaître tout ce qui se rapportait à la chasse, en dedans comme en dehors du chenil ; et comme j'étais fils unique, mes désirs étaient satisfaits par mes parents indulgents. Agé de 25 ans, je me trouvais possesseur de l'héritage de ma famille ; mais Thorpe, avec ses champs labourés, me plaisait peu. Je le quittai pour une résidence plus délectable dans des pays en herbe où, pendant cinq saisons, je goûtai les plaisirs de la chasse et d'une société charmante. Un terrible ennemi m'assaillit alors. Il se présenta d'abord sous la forme d'une toux continuelle et enfin sous celle de la tuberculose dont j'avais hérité de

---

(1) C'était M. John Stewart esq. dont le fils habite encore à Pau.

ma mère. Il me fallut donc songer à résider pendant l'hiver sur le continent, nécessité qui dura quelques années. C'est ainsi que je me suis trouvé à Pau et que je m'y intéressai à la chasse. Mon but n'est pas de dire ce que j'ai fait ; cependant, je crois avoir rendu un bon service à la chasse en y faisant venir Henry Thompson, un très bon whip anglais, qu'une autorité bien connue m'avait dit devoir faire un très bon huntsman. Ces prévisions se réalisèrent ! Mais pour le garder, je fus obligé de lui augmenter ses gages de ma poche.

Il y a quelque huit ans, je fus surpris de recevoir une lettre d'un avoué, m'apprenant que l'excentrique M. Ross, un vieux garçon millionnaire, était mort en me laissant son seul et unique héritier, cela pour exprimer sa reconnaissance à l'egard de feu ma mère.

Ma mère recevait en effet quelquefois à la Noël un billet anonyme de 50 francs pour être distribués aux pauvres, et, tous les ans, il venait nous rendre visite lorsque la famille était à Londres.

Il paraît qu'autrefois M. Ross avait eu une très grande amitié pour ma mère lorsqu'elle était jeune fille, mais sa timidité l'avait empêché de demander sa main.

C'est ainsi que je me trouvai possesseur d'une grande fortune, d'une résidence agréable et d'une propriété sur les limites de Devon et Sommerset, sans goûts extravagants à satisfaire, mais incapable de rester en Angleterre, l'hiver, sans danger pour ma vie.

Cet heureux événement avait eu lieu en été, et le Maître d'Equipage de Pau, qui avait envie de se retirer, me pria de prendre ses fonctions. Je refusai alors, mais au mois de Novembre suivant, j'acceptai son offre pour l'année suivante, à la condition formelle que pendant cette saison là, on ne dérangerait pas les renards dans les couverts de la contrée de chasse de Pau ou des alentours ; je m'engageai en retour à dépenser au moins 5.000 livres anglaises par an pour la chasse : il va sans dire que je devins maître de la situation.

En voyant ce beau pays, j'avais eu souvent l'idée des ressources qu'il offrait pour y faire non seulement une contrée de sport superbe, mais encore une résidence d'hiver sans rivale pour la société.

Sans manquer de respect aux autres nations, je suis persuadé que le goût de la chasse et même, on peut le dire, du steeple-chasing, a tout de suite nui au sport de Pau, avec l'excuse que la France peut mettre sur le champ de chasse dix recrues contre une de n'importe quel autre pays. Les opinions sportives françaises, je le savais bien, étaient divisées en deux camps très distincts : l'un tout dévoué à la chasse légitime, le second ne pensant qu'au plaisir de galoper avec une meute très vite.

J'avais sous la main un bon secrétaire particulier dans la personne de M. Thomas Keene, âgé de 25 ans, second fils d'un gentleman, de dix ans plus âgé que moi, qui habitait sur ses modestes terres, près des chenils de Thorpe. Nous étions amis intimes et je m'intéressais vivement à son fils Tommy, qui habitait la France, avec l'idée de se perfectionner en Français avant de passer ses examens militaires. Il ne fut pas reçu, car il avait trop de goût pour les chiens, les chevaux et la chasse. Il vint me voir à Pau, avant de retourner chez lui faire de l'agriculture et accepta mon offre avec empressement. Je le chargeai d'amener avec lui un garde-chasse anglais capable et connaissant les habitudes des renards et leur conservation. La commission fut bien faite. Il mit la main sur un célibataire élevé par un Maître d'Equipage qui voulait toujours avoir une grande abondance de renards, et qui ne tenait pas aux faisans. Il s'appelait Arthur Day. Son service consistait à veiller avec soin aux besoins des renards, aidé d'un vieux serviteur du chenil qui connaissait le pays à fond.

J'eus aussi un secrétaire français, M. Pret. Il avait été employé dans l'administration départementale et connaissait très bien les Maires de toutes les communes ainsi que les principaux propriétaires.

M. Pret était un homme vif et maigre, plutôt petit, d'un esprit prompt, qui aimait à dire qu'il était accablé de besogne. Il se promenait à Pau, avec une serviette sous le bras, probablement pleine de correspondances, et semblait toujours très affairé. Il était pourvu d'un cabriolet à capote, d'un paletot de fourrure, de plusieurs imperméables et d'un bon cocher. Il allait ainsi partout dans le pays pour les intérêts de la chasse, comme il disait.

Après un an ou deux, M. Pret prit des airs de grande importance, aidé surtout de l'argent que je lui donnais pour le distribuer largement, quand les intérêts de la chasse le demandaient.

Il croyait que c'était son apparence séduisante et ses attentions pour les dames qui rendaient le sport populaire.

Je l'ai trouvé honnête, admirablement adroit pour me procurer à des prix modérés le droit de chasse sur des contrées étendues et des couverts en dedans et au dehors des circuits du pays de la chasse.

Je fis de grands efforts pour m'assurer la bonne volonté de tous ceux qui habitaient le pays de la vieille chasse anglaise, celui de Sir H. Oxenden, lorsqu'il avait sa meute à Tarbes.

J'annonçai officiellement aux autorités mon intention de dépenser 5.000 livres sterling (125.000 francs) par an pour la chasse et d'augmenter les attractions de Pau comme résidence d'hiver. Elles me furent utiles auprès des propriétaires et des communes qui possèdent beaucoup de forêts et de prairies de pâtures dans ces deux départements des Hautes et Basses-Pyrénées.

Quoique ne prenant les fonctions de master que la saison suivante, je crus devoir faire de grands préparatifs pour la campagne qui allait s'ouvrir.

Mon premier soin fut de tâcher d'augmenter le nombre des renards qui commençaient à être rares dans le pays. On trouve des traces de renards dans toutes les directions hors des territoires de chasse, mais surtout vers les montagnes et à l'Ouest. En été, ils trouvent facilement à se nourrir de petits animaux, d'insectes et de reptiles, mais en hiver et au printemps, surtout vers les Pyrénées, la nourriture doit être assez rare et mon programme (dont les détails avaient été confiés à MM. Keene et Pret) était, vers la fin de Novembre, de nourrir les renards avec du carnage, loin de la contrée de chasse d'abord, puis petit à petit en rapprochant les traînées de plus en plus du « Home district ».

Avec l'expérience que j'avais acquise en Irlande où il est plus rare qu'en Angleterre de s'occuper à nourrir le gibier, j'étais à peu près sûr de ramener les renards.

Pendant les froidures de l'hiver, les dangers de gale sont moins probables (cette maladie est endémique chez les renards lorsqu'ils mangent de la charogne), aussi les chevaux infirmes et décrépits, bestiaux et moutons que je pouvais me procurer, n'étaient abattus qu'après avoir été dûment visités par un vétérinaire ; et, sans vouloir entrer dans des détails répugnants, ce fut suffisant. Au premier Janvier, les renards des alentours étaient bien sur le qui-vive et prisaient fort la nourriture artificielle.

On a raconté et même imprimé que l'on avait tué 200 renards dans une seule commune pendant la neige qui tomba vers le 1er Janvier. Les bois, surtout ceux qui se trouvent aux limites sud vers les montagnes, étaient garnis de nourriture et les traces sur la neige prouvaient le nombre de renards qui étaient venus manger. En trouvant un quartier si confortable et si paisible, un grand nombre y resta et multiplia dans le pays. Comme la saison avançait, pour éviter les risques de cette terrible gale, leur nourriture fut bouillie et quand les jeunes renards apparurent plus tard, on ramassa pour eux beaucoup de grenouilles et d'autres friandises. Lescar, Morlàas, Bordes, Pontacq et Montaner furent choisis comme dépôts ; et c'est de là que venait la nourriture.

Je me suis étendu sur ses détails peu savoureux, parce qu'avec le nombre de renards existant dans le district et ses environs, les excellents couverts et les terriers du pays de Pau, je suis certain que la nourriture artificielle bien posée et en juste quantité, leur assurerait une augmentation permanente. On commença à en améliorer la race, au point de vue de ses qualités de course, par l'importation à chaque saison de 20 paires de renards britanniques ou irlandais. On les mit d'abord dans mon domaine entre des clôtures que le plus agile n'aurait pu sauter, où il y avait des talus comme à Pau. Pour éviter la gale, ils furent désinfectés en arrivant et bien soignés par la suite, cela va sans dire.

LES TERRIERS ARTIFICIELS DES RENARDS

Je savais combien il est difficile de sortir les renards de leurs terriers qui sont souvent sous les racines des arbres ou très profonds dans les coteaux ; et combien souvent ils sont blessés par les chiens pendant cette opération.

Pour faciliter leur capture, j'ai construit 50 terriers artificiels du système anglais ; et de suite les renards s'en servirent. Ils étaient construits d'une façon bien simple qui permettait au chien de pousser le renard dans un filet à l'ouverture du terrier sans danger de lui faire du mal. Ceci avait nécessité la fermeture des terriers naturels, qui étaient trop nombreux.

LES COUVERTS D'AJONCS ANGLAIS

Comme on le verra plus loin, mon programme était de n'épargner ni dépenses, ni peines, pour ennuyer les renards qui se tenaient dans le touya. Pour leur donner de plus nombreuses demeures, je décidai de planter une vingtaine de bons champs d'ajoncs anglais d'une étendue de 6 à 10 acres chacun et de construire des terriers dans quelques-uns.

Le touya est certainement une place forte pour le renard qui s'y défend à merveille contre les chiens.

Lorsque le renard est sur pied, le genêt épineux (ajonc) ne lui offre pas d'abri : c'est trop serré et il ne peut courir dessous devant les chiens terriers : l'ajonc anglais est tout différent.

Quand il est à sa taille (de 3 à 7 ans, après avoir été planté ou coupé), le renard peut très bien se fourrer en dessous et échapper ainsi aux chiens en maraude ; il peut ainsi se défendre contre une meute de première classe s'il est un peu vif.

Si on ne le voyait pas de ses yeux, on ne pourrait croire qu'un renard se défende des chiens dans un couvert d'ajoncs, et c'est un avantage dont un renard se rend très bien compte ainsi que la différence qu'il y a entre l'ajonc anglais et le touya.

Le fait le plus remarquable que je connaisse de cette particularité se passa dans une petite pièce d'ajonc qu'on ne peut appeler un couvert, près des écuries d'entraînement, à B...

Une meute de tout premier ordre passa tout un après-midi à essayer d'en faire sortir un renard, mais celui-ci garda toujours le meilleur.

Comme Bordes était le centre de la chasse au renard et qu'une grande étendue de plaine rase allait jusqu'au pays de « Old England », on y a planté six beaux couverts d'ajoncs au nord et au sud de la route de Tarbes et maintes et maintes fois nous avons vu sortir de là de belles chasses.

LA FORÊT DE BÉNÉJACQ

Ses bois détachés commencent sur la fameuse route des coteaux Henri IV à 4 milles au Nord de Pau et la forêt s'étend de 7 milles au Sud. Elle occupe la grande façade des collines à l'Ouest, presque 2 milles au point le plus large. La face des collines à l'Est n'a pas été plantée ; après un intervalle un peu découvert, se présente la forêt de Mourle qui va tout près de Lourdes.

Sans entrer dans les détails, Bénéjacq est un terrain très boisé. Dans certains endroits, il y a quelques rochers, néanmoins le terrain est assez bon pour les chevaux car les petits sentiers ne manquent pas. C'est en somme un terrain boisé splendide, très agréable pour chasser. Malheureusement ces sentiers sont en trop petit nombre pour que les cavaliers puissent passer rapidement.

Comme il n'y a pas de couverts sur la pente de l'Est, le chasseur placé au sommet des collines peut admirablement voir la situation ; dans la vallée, en bas du bois, la locomotion est des plus faciles. Deux ou trois chemins traversent le pays et il y a quelques sentiers dans les bois.

J'eus à en faire faire un certain nombre à travers la forêt dans diverses directions sans couper les arbres, mais en indemnisant les communes de la valeur des broussailles et des racines que je fus obligé de faire enlever. La question des salaires fut vite réglée, car je dépensai 5.000 francs la première année et 1.000 francs ensuite, en donnant du travail en hiver aux ouvriers de la commune, à raison d'un franc par jour de plus que le tarif ordinaire. La forêt de Mourle était continuellement secouée par nos attrapeurs de renards qu'accompagnaient un ou deux vieux chiens. Mon but était d'empêcher les renards de s'y installer. Bénéjacq est un endroit superbe pour le genre de chasse favori des vieux chasseurs anglais et français. Avec quelques terriers artificiels où on ne prenait pas de renards avant la Noël, nous avions de belles chasses de captifs et tous les chiens non déclarés encore étaient toujours mis avec la meute ordinaire. La fermeture des trous donna lieu à bien des ennuis car quelques-uns des terriers étaient très profonds ; cependant à l'aide de la dynamite on y parvint. M. Keene détruisit les plus mauvais terriers et l'on força ainsi les renards à abandonner leurs demeures.

LES PRENEURS DE RENARDS

Mes prédécesseurs n'attachaient pas une importance suffisante à la façon de manier les renards. Il y avait au chenil deux hommes vraiment adroits, mais j'en ai fait instruire une demi-douzaine de plus avec quelques renards que j'avais gardés exprès pour servir aux études de maniage. Les hommes furent munis de gants épais avec crispin, qui défiaient les crocs du renard. J'étais très sévère ; et un renard captif (à part l'odeur qui lui était appliquée) devait être aussi libre dans ses mouvements qu'un renard sauvage lorsqu'il était lâché devant les cavaliers et les chiens.

HUNTERS

Encore une question grave : le manque absolu de bons Hunters pour les sportsmen qui voulaient jouir de bons runs (1) après ces renards. Je tournai la difficulté, d'abord : en important d'Angleterre et d'Irlande un nombre de chevaux excellents à un prix très élevé, puis en établissant une école pour dresser les chevaux au saut.

Je louai pour quelques années, presqu'en face de l'hippodrome, une ferme avec de grandes écuries confortables et quatre champs derrière la maison, qui touchaient à la lande, où l'on avait le droit de pâture gratis.

_____

(1) Run veut dire _parcours de chasse au galop_ (espèce de course).

J'étais pénétré de la nécessité d'un dressage parfait pour les chevaux qui devaient chasser dans le grand district situé derrière Lescar. J'envoyai donc en ambassade M. Prêt, qui m'obtint, à un prix modéré, l'autorisation d'entraîner les chevaux sur toute cette plaine de touya qui s'étend au Nord de la lande du Pont-Long, jusque vers Uzein.

Il y avait assez de clôtures de champs dans ce pays pour pouvoir y entraîner plusieurs centaines de chevaux sans causer à l'agriculture aucun dommage.

J'étais décidé à avoir un bon directeur d'écurie ; et grâce aux recherches d'amis irlandais, je fis une offre à M. Timothy Flaherty, âgé de 45 ans, qui accepta et fut installé à l'école le 15 février avec sa femme et ses deux fils. Le père était connu comme très adroit dresseur, dans une ville de chasse en Irlande ; ses fils avaient toujours travaillé sous sa direction. Ils ne savaient pas un mot de français, mais ils prirent avec eux un compatriote qui avait déjà vécu quelques années en France. Un autre Irlandais, intelligent, vint aussi et en peu de temps, on apprit à deux ou trois garçons d'écurie la manière de tenir le cheval à la longe, de lui faire sauter ainsi des obstacles ; en un mot, tous les détails du dressage.

Nous avions dans nos champs une série d'obstacles construits dans deux ronds clos, en plus des talus naturels qui malheureusement résistaient mal à tous les exercices. Mais après bien des expériences, M. Flaherty surmonta la difficulté. Il se souvint des banquettes dont le devant est en pierre et que l'on voit souvent en Irlande : c'était le meilleur obstacle de dressage, car le cheval ne peut pas s'amuser avec et il est obligé de sauter par dessus.

On retira du Gave une masse de galets ; on fit des petits murs de 3 à 5 pieds de haut, derrière lesquels fut mise de la terre que l'on couvrit de gazon. En avant de ces obstacles et sur les deux côtés, on creusa un fossé. Les galets, scellés avec du ciment, devinrent aussi solides que les brise-lames d'une jetée de port. Les mottes de gazon qui furent placées sur ces obstacles étaient fréquemment remplacées ; et par ce procédé bien simple, beaucoup de chevaux purent être dressés sans abîmer les talus. La moitié de leur éducation se passait sur ces obstacles artificiels pour se terminer sur les talus et banquettes naturelles.

Je ne m'imaginais pas d'abord que l'école de dressage put arriver à un si bon résultat. Mais les affaires devinrent si importantes que je fus obligé d'engager un collaborateur, le lieutenant Snaffles, ex-maître d'équitation de la cavalerie anglaise en demi-solde, qui était âgé de 40 ans.

Il avait plus de goût pour la chasse et le steeple-chase que pour l'école d'équitation et avait toujours suivi les chiens en Angleterre et en Irlande avec son régiment. Son menton et son nez étaient abimés des suites d'une chute dans un steeple-chase : il boitait aussi d'un accident qu'il avait eu dans la cour du quartier, avec un pur-sang d'un caractère détestable ; c'est même cette dernière chute qui, ayant été considérée comme accident du travail, le fit mettre à la demi-solde et quitter le service.

Pendant les trois dernières années, près de 200 chevaux furent inscrits chaque année sur les registres de l'école de dressage ; on y donna des cours d'instruction de chasse plus ou moins longs, et il y eut jusqu'à des chevaux de plat qui vinrent y prendre de leçons de steeple-chasing.

Je pensais qu'il serait très avantageux d'avoir un certain nombre d'hommes vifs et adroits, bien habitués à conduire à la longe et à monter des hunters pour escorter les dames et gentlemen ainsi que les sportmen sans expérience de la chasse ; et à ce fait je formai un corps que j'appelais « Les Jockeys de la chasse ». Quelques jeunes cavaliers de steeple voulurent bien en faire partie. La première saison, il n'y en eut que six, mais plus tard, le nombre en doubla. Six d'entre eux recevaient de l'école 50 francs par mois, la première saison du 1er Septembre au 1er Avril, avec la faculté de faire d'autres affaires, telle que de monter à cheval à la chasse au prix du tarif, soit 15 francs, etc... Tous recevaient un diplôme de bonne conduite, mais s'ils se conduisaient mal, le diplôme était annulé et les propriétaires de chevaux étaient prévenus de ne pas se servir de ces hommes.

Le manège de l'école exerçait ces chevaux à la longe sur des obstacles de toutes sortes et les hommes ou les jockeys les montaient sur les obstacles ordinaires ; mais, si on ne leur donnait pas un pourboire, ils ne sautaient pas d'obstacles formidables ou dangereux.

Petit à petit on fit des progrès. Beaucoup de gentlemen envoyèrent à l'école leurs hommes, avec leurs chevaux, pour apprendre eux-mêmes à monter et pour assister au dressage à la longe. Nous vîmes alors combien l'esprit sportif était grand à Pau. Keene, Snaffles et moi, nous formulâmes alors quelques simples instructions sur la manière de faire la première éducation d'un hunter avec la longe, en lui faisant d'abord passer seulement quelques obstacles artificiels ; ainsi qu'une explication sur la construction des banquettes et talus. Le plan de chaque obstacle et ses dimensions y étaient soigneusement tracés. Cette petite notice circula dans les cercles sportifs de France, d'Amérique ou d'ailleurs. Les principaux marchands de Paris suivirent notre programme, quant aux obstacles, et les clients virent les chevaux se perfectionner avant même d'être arrivés à Pau.

Dans deux ou trois dépôts de cavalerie, on adopta la même méthode ; et, sur une simple demande, nous envoyions un jockey de chasse expérimenté pour un mois, chargé d'expliquer la méthode et de donner des conseils sur le dressage.

On pensait qu'un cheval qui avait fait preuve d'aptitude sur ces simples obstacles, pouvait terminer à l'école son éducation de hunter ou même se présenter au poteau dans les steeples militaires.

Je fis encore un arrangement avec un marchand de chevaux de Londres pour qu'il construisit des obstacles de ce genre dans sa ferme et que tous les chevaux destinés à la chasse de Pau pussent faire un essai en payant une demi-livre sterling.

Tel est le programme que j'arrêtai pour faciliter le Hunting à Pau.

Le nombre de chevaux en dressage fut de 30 par série. Un travail sévère, à la longe et sur les obstacles, avait lieu tous les deux jours et les intermédiaires étaient consacrés aux « Landes Drill » ou à galoper sur des terrains accidentés en sautant des obstacles faciles.

A partir du 1er Septembre jusqu'au 20 Novembre, on ne recevait pas de chevaux, sauf ceux des membres de la chasse et trois semaines d'instruction étaient le maximum de temps que l'on pouvait consacrer à cette époque. Il y aurait encore à parler du tarif et des autres arrangements, etc.

La souscription des membres de la chasse s'élevait à 20 livres sterling et les souscripteurs de 40 livres sterling avaient, les premiers, droits au dressage de leurs chevaux.

Je sentais que les gentlemen français avaient l'inconvénient de n'avoir pas un pays de chasse coupé dè bons obstacles et je croyais qu'en leur offrant l'occasion d'apprendre la manière de dresser leurs chevaux à l'obstacle, leur zèle pour la chasse en serait de beaucoup augmenté. Ces observations ne s'appliquent, bien entendu, ni aux officiers de cavalerie, ni aux gentlemen-riders.

On ne pouvait trouver un meilleur professeur que Snaffles, malgré sa connaissance insuffisante de la langue française. Après six mois d'un dur travail, il causait assez couramment, mais sa parenté avec un marchand de chevaux de Londres l'empêchait de faire bon usage de la lettre H et il ajoutait aussi un G à la fin des mots. Il disait par exemple: « garçan du pang » (1); en un mot, il prononçait le français à l'anglaise.

Nous nous trouvâmes obligés de faire imprimer un petit livre à l'usage des élèves avec des mots français d'un côté et la traduction de l'autre tant ils mutilaient la langue française. Un certain nombre de hunters bien dressés fut mis à la disposition des gentlemen qui prenaient des leçons ; à leurs frais bien entendu.

Comme notre but était d'améliorer l'équitation des étrangers, les Anglais et les Irlandais ne furent pas admis à l'école.

Les Français eurent deux représentants au comité de la chasse et les représentants des autres nations ne purent prendre de leçons à l'école sans être d'abord membres de la chasse. Le cours durait un mois.

En Octobre, mois qui précédait la chasse régulière, on vit jusqu'à 20 novices, de tout âge et de tout poids, fréquenter l'école ; et on courut de petits drags avec quelques vieux chiens exprès pour eux.

Nous savions très bien que la présence des dames dans le champ de chasse augmentait la popularité de « La Chasse à Pau », aussi après le 20 Novembre, des « cours d'Amazones » furent commencés et les dames invitées par le comité de la chasse reçurent des leçons d'équitation. On disait que c'était charmant de galoper sur des lignes de drag dans un pays découvert, et beaucoup plus agréable que les randonnées dans les forêts. Aussi l'élite de la société sportive de France se prit-elle à considérer Pau comme la seule localité où l'on put passer agréablement les longs mois d'hiver, après la saison de chasse à tir.

LES HUNTERS DE LOUAGE

Afin d'avoir toujours une quantité de hunters vraiment bons et utiles, je devins loueur et m'associai avec un ex-groom anglais de Pau,

---

(1) Garçon du pain.

nommé Henry Jones, qui avait quelquefois des chevaux à louer et entraînait des chevaux de courses. Il n'était pas maladroit, et je lui remis l'administration de cette affaire.

Comme j'avais l'intention de commencer avec 30 chevaux de louage, je me déterminai à en acheter 50 afin d'avoir du choix, de garder les 30 meilleurs et de vendre le reste comme hacks à des conditions avantageuses. Tous les chevaux, achetés par des agents spéciaux en Irlande, à Londres et à Paris, étaient envoyés à Pau. Le prix fut d'environ 65 livres sterling par cheval.

M. Jones avait deux établissements, un bon contre-maître, quelques aides anglais, bons cavaliers, et lui-même qui était particulièrement adroit dans son métier. Les chevaux arrivaient par détachements ; ils étaient tout de suite amenés à l'école et recevaient, avant la saison de chasse, de bonnes leçons sur les obstacles. En y joignant quelques achats pour la saison suivante, je dépensai environ 4.000 livres sterling pour le tout, et à la fin je vendis ma part 1.500 livres sterling soit une perte de 2.500 livres.

MM. Larregain et fils, loueurs de chevaux bien connus, qui pendant longtemps avaient tenu le seul établissement de ce genre à Pau, ont tout le temps fait beaucoup d'affaires et n'ont jamais eu en somme à se plaindre de la concurrence que je leur faisais.

LEICESTERSHIRE EN FRANCE

Le touya (ou genêt épineux), comme le nomment les Palois, couvre des milles et des milles du pays, soit par intervalles, soit sans interruption.

Il est très pénible pour les chiens de courir sur le touya dont les épines leur piquent les pattes. J'imaginai donc de faire faucher de grands espaces de terrain sur les lignes de drags afin de procurer aux chevaux et aux chiens un bon terrain pour galoper. J'avais souvent lu dans les livres et vu de mes yeux comment on coupe de grandes avenues dans certains pays et comment elles peuvent être tenues au ras, semblables aux allées vertes du bois de Pau.

Dans le « New Forest de hampshire », il y a 380 milles de grandes routes en herbe, outre d'innombrables sentiers et environ deux mille ponts. Dans la forêt de Compiègne, il y a 1.100 kilomètres de longueur de routes presque toutes larges et en herbe.

(Voir « Essays on social subjects » Higgins, page 200). Je suppose qu'une piste d'hippodrome ait environ soixante pieds ou vingt yards de large. Si l'on considère qu'une meute est souvent obligée de passer une clôture ouverte ou une barrière larges de 5 yards à peine, quelquefois moins, ce qui n'empêche pas de remettre les chiens ensemble tout de suite après, un chemin fauché de 10 yards me parut suffisant pour une meute de drag de 10 couples.

Il est évidemment nécessaire de faucher annuellement, sur le touya, un chemin large de 10 yards pour les chiens, et un peu à gauche ou à droite, de faucher un autre chemin beaucoup plus large pour les chevaux. Il suffira ensuite de rafraichir ces chemins deux fois par an.

Les Pau hunt steeple-chases, à St-Jammes ou ailleurs, furent souvent courus sur des champs de touya non fauchés et les chevaux galopaient constamment à toute vitesse sur le touya, tandis que les chiens couraient sur les sentiers. Ce fut un beau travail que d'avoir joint les lignes de drag aux districts qui en étaient séparés par le touya.

Il y a trois points à considérer :

La dépense que nécessite le fauchage ; la bonne volonté des propriétaires et les dégâts faits par les chiens ou les cavaliers qui les suivent.

Il est évident que les dégâts aux récoltes furent très inférieurs à ceux des drags des années précédentes.

Sur de grandes étendues, fauchées régulièrement une fois par an, le train des chiens est excellent, pourvu qu'on balaie les épines ; et si parfois ils sont piqués aux pattes, ce n'est rien en comparaison des chasses courues sur le silex de Hunts de Surrey ou à travers les broussailles fraîchement coupées, dont le chaume tranchant comme des lances, couvre le terrain de tous les côtés.

Le vieux touya qui n'a jamais été coupé présente des difficultés considérables car les tiges, qui sont très dures et très fortes, abiment horriblement les pattes des chiens.

M. Keene, qui s'y connaissait en agriculture, disait qu'il fallait désoucher (1) l'ajonc comme on le fait pour les grands bois ; c'est ainsi

_____

(1) Désoucher se dit pour déraciner, enlever les souches, c'est-à-dire les racines qui restent quand l'arbre est coupé.

que dans le Bradon (contrée V. W. H.) les ajoncs furent tous déracinés ; il se souvenait d'en avoir vu des souches grosses comme le bras.

Après avoir fauché le vieux touya à la moitié de sa taille, et l'avoir retourné avec la charrue en acier, la herse à dents pointues comme des aiguilles à coudre et les fourches tranchantes comme des lances dont les hommes de journée étaient armés, il fut reconnu qu'il était plus avantageux de le couper en entier et d'y semer de la graine de foin qui bientôt faisait un beau tapis vert.

La première année, nous avions coupé à peu près une dizaine de milles de touya dont nous avions payé la valeur présumée (rapport d'une année sur trois) et nous avions donné aux propriétaires toute la récolte.

Cette quantité d'herbe sur les chemins de la meute et le travail que l'on donnait aux ouvriers à 1 franc de plus qu'à l'ordinaire (c'est-à-dire 3 francs) ainsi que le peu de dégâts faits par les cavaliers, par rapport à ceux des années précédentes, rendirent très populaire la chasse dans le pays.

Il y a en tout 140 milles environ de lignes de drag, mais 70 milles seulement furent travaillés par la faux et bien entretenus pour les chevaux et les chiens. Il y avait çà et là des cultures et des prairies enchevêtrées dans le touya ; de plus les lignes se mêlaient les unes aux autres et se traversaient par moments, ce qui donnait de la variété et empêchait de connaître d'avance tout le parcours.

Le fauchage, l'entretien des barrières et les autres dépenses, non compris l'entretien des chevaux et des chiens, ne coûtaient à la chasse que 2.500 livres sterling par an. Outre les routes connues, les lignes que l'on appelait « Drags naturels » furent améliorés par le déblayage des barrières épaisses et la diminution de trop hauts obstacles sur les routes. Je dirai plus loin deux mots de la manière dont furent construites les haies épineuses, les brooks, les fossés et les barres qui ne furent jamais réellement dures : la majorité des lignes était très sautable et tout à fait dans les moyens des purs sang et anglo-arabes qui étaient fort nombreux alors.

Les différentes nationalités avaient chacune un terrain d'entraînement pour le drag dont elles payaient de leur poche les frais d'entretien. Les Français disposaient de pistes figurant les divers parcours du champ de courses d'Auteuil.

Le « Ward Union » (chasse au cerf d'Irlande), avait sa ligne entre

Bordes et Saint-Jammes. Beaucoup de clôtures des landes avaient été arrangées pour faire des sauts de 8 à 12 pieds. La rivière du Ward était un cours d'eau en déblai à un pied au-dessous des bords. La ferme Busch était bordée d'une haute banquette avec deux larges fossés de chaque côté ; le loch du golf formait un abîme profond au-dessus duquel les chevaux étaient obligés de sauter. La construction de la ligne ne coûtait pas cher et le devant des obstacles était très net ; les chevaux tombaient souvent, mais les cavaliers étaient rarement blessés ; il fallait un sauteur adroit pour traverser ce pays.

Les gentlemen américains disposaient d'un parcours sur la plaine de Bordes avec les hautes barrières de troncs d'arbres qui suffisaient pour empêcher le sportsman ordinaire d'essayer de les sauter. Je fus prié de construire deux lignes représentant le Leicestershire. Pour cela, je choisis un large demi-cercle partant du sommet de la colline de Sedzère et allant à l'Est vers la route de Tarbes. Une partie considérable de la ligne du haut Leicestershire se courait sur les pâturages ondulants et sur les terrains cultivés de Gardères et pour qu'on n'y passât pas trop souvent, je les barrai par l'obstacle : « Regulation Steeple Chase d'Angleterre » (1).

Le fossé était large de 6 à 7 pieds, la haie qui se trouvait de l'autre côté avait 5 pieds, et la barre en pente se trouvait bien entendu du côté de l'élan.

Dans les « drag compétition », lorsque le programme exigeait que les chevaux passent de durs obstacles, on avait soin d'ôter aux cavaliers la possibilité d'éviter les obstacles les plus forts en fichant en terre, de chaque côté des obstacles, des piquets de 5 pieds de haut que l'on reliait avec 200 yards de fil de fer. Pour que les chasseurs voient bien le fil de fer, on y mettait des banderolles de toile blanche ; et un drapeau rouge, placé à 50 yards en avant, annonçait l'obstacle. Il y eut aussi les doubles barrières qui consistaient en une claie de 4 pieds de haut en pente précédant une haie de 5 pieds derrière laquelle était la barrière. Ce dernier obstacle était en bois très mince et se cassait lorsque le cheval le touchait.

Le *Stoke and bound* était une haie anglaise de 3 pieds 1/2 à 4 pieds

---

(1) Dit en France : *obstacle anglais*, il se compose d'une barrière peinte en blanc, suivi d'un fossé suivi lui-même d'une haie.

de haut. On en rencontrait 3 pendant le parcours, avec un fossé soit devant soit derrière.

Le *Bottom de Lescestershire* si redouté, était un brook naturel que l'on avait élargi ; l'eau serpentait entre des bords plutôt raides, sur l'un desquels avait été fixée une barre.

Le *Brook Whissendine* représentait une rivière de 14 pieds de large sur 5 de profondeur et sans la moindre barrière.

La *Haie du Taureau* était une haie devant et derrière laquelle il y avait un fossé avec une mince barrière (rail) qui cédait lorsque le cheval la touchait.

Le *Binder de South Warickshire* était un fort talus et fossé, mais il n'était pas si difficile qu'il le paraissait.

Personne ne fut aussi agréablement surpris qu'un gentleman de Leicestershire qui vint un jour à Pau. Le terrain ondoyant, les champs d'herbe véritable et les beaux parcours que l'on y faisait lui parurent la reproduction fidèle de son pays.

La ligne de drag avait 2 1/2 milles de long ; on la courait au commencement quand les chevaux étaient frais. Elle se faisait aussi, sans changement notable, en sens inverse. Seuls les cavaliers bien montés pouvaient suivre la ligne car les obstacles y étaient plus durs qu'ailleurs. Nous eûmes malheureusement quelques accidents sérieux à déplorer.

Pendant de longues années, le village de Gardères n'avait pas eu de sympathie pour la chasse ; mais M. Prêt, avec son tact habituel, donna une fête au village où il dansa avec toutes les belles paysannes. Après le souper, il monta sur la table et fit un speech éloquent en faisant l'éloge de la chasse. Il fut alors convenu que ceux qui galopaient sur la ligne, auraient seuls le droit d'entrer sur les terrains de Gardères et que tous les dégâts commis dans les champs de blé seraient payés au moment de la moisson. (Inutile de dire que lorsqu'arriva l'époque de la récolte, on eut très peu de dégâts à payer).

L'autre ligne de Leicestershire tournait davantage en cercle à l'Est, passant dans un pays accidenté, où il y avait un peu de touya. Elle se composait de barrières faciles et d'un brook. On l'appelait le Drag de luxe, parce qu'on était libre de sauter ou de ne pas le faire, mais le brook avait ses gardes en fil de fer de chaque côté.

Des hommes adroits du district de Lescar étaient toujours occupés à parer les haies et à arranger les obstacles ; le bois des obstacles qui, à première vue semblait très solide, ne l'était pas en vérité et se cassait si le cheval le touchait. On sciait les bois dans le cours du « Water Mill » sur la route de Lescar, et ainsi préparés, on les mettait en dépôt çà et là, partout où l'on en avait besoin.

Pour les sauts en largeur, qui avaient toujours 5 pieds de large, on construisait des barrages sur les innombrables cours d'eau et bien souvent on était obligé de drainer le terrain tout autour.

La haie que l'on plaçait devant, comme garde, diminuait énormément le risque des chutes des cavaliers dans l'eau, ce qui la rendit très populaire.

Un des seconds de M. Prêt était chargé de ce qu'il appelait : « la constitution du drag ». La claie anglaise est en osier entrelacé ; on s'en sert en Angleterre pour entourer les troupeaux de moutons et les abriter du vent.

Les chevaux les sautent plus facilement qu'ils ne sautent des troncs d'arbres ou une haie, surtout si l'obstacle penche un peu du côté opposé à celui où ils prennent leur élan. Ces claies très solides servent à la construction d'obstacles artificiels. Une cargaison de claies faites exprès de 2 à 5 pieds de haut arriva d'Angleterre.

La haie artificielle était fixée dans la terre ou bien on la glissait dans des supports (comme les rampes dans un théâtre) ; elles avaient 4 ou 5 pieds de haut et même plus. Les chevaux de l'école recevaient un bon dressage sur ces claies et sur les barres. Celles-ci sont un obstacle difficile, car, très solides, il peut arriver que le cheval tombe sur son cavalier, mais au contraire si l'obstacle se casse quand le cheval touche, l'animal pensera que le suivant se cassera également, ce qui peut occasionner de graves accidents.

A l'école, mais avec la permission de leurs propriétaires, on faisait exprès tomber les chevaux en les travaillant à la longe sur une barre et le sol était aménagé pour qu'ils ne se fassent pas du mal en tombant, cela leur apprenait à sauter plus sûrement.

APRÈS LA CHASSE

Avec environ 140 cavaliers en novembre et pas loin de 200 en janvier, il était nécessaire de chasser sur une grande étendue de terrain.

Quand les rendez-vous étaient loin, on envoyait les chevaux la nuit pour qu'ils pussent arriver à temps au rendez-vous ; mais il fallait aussi considérer la fatigue des gentlemen. Aussi avait-on pris le village de Bordes comme rendez-vous central car il se trouve à 10 milles de Pau, sur les limites des lignes de drag, et dans la meilleure contrée pour la chasse au renard sauvage.

Il fut absolument nécessaire d'augmenter le nombre des logements à Bordes. M. Prêt vint encore à notre aide. En payant annuellement un tant pour cent des travaux exécutés, il obtint de faire ajouter deux grandes chambres à la maison qui avait été déjà louée pour les chasseurs et encouragea l'installation de deux auberges. En outre il fit augmenter beaucoup les écuries. J'eus une maison séparée qui, avec quelques modifications, devint un rendez-vous de chasse très confortable.

On bâtit un chenil pour 40 couples de chiens où l'on put mettre deux meutes et on eut ainsi quatre jours de chasse au renard avec un jour de repos dans le pays de « Old England ».

Quelquefois trois ou quatre gentlemen ensemble trouvaient des chambres dans le village et le Club français « La Chasse » louait un étage d'une maison, mais on n'y fournissait ni à boire, ni à manger. A Morlàas, qui était également un centre de chasse éloigné, on put s'arranger facilement.

A Uzcin et à Sauvagnon, le chasseur fatigué trouvait de la nourriture et des boissons rafraichissantes.

« . . . . . Wo left half tole
« The story of Cambuscan bold. »

Ce récit touche à sa fin.

Ce qu'il y a eu de funeste pour le développement du sport à Pau, c'est cette foule de Maîtres d'Equipages se remplaçant pour ainsi dire, tous les ans ; et le remède que je propose serait d'avoir un secrétaire permanent, recevant 200 livres sterling d'appointements par an que le M. P. H. augmenterait encore s'il voulait être débarrassé de tout souci.

Il n'y a qu'un gentleman, parlant couramment le français et ayant une bonne connaissance de la chasse anglaise, irlandaise ou française qui puisse occuper ce poste. S'occuper des chiens en été, acheter les chevaux et les chiens, les comptes, le règlement des dégâts sont autant de points délicats qui valent, et au-delà, le prix de son salaire ; personne ne le sait mieux que moi. Lorsque j'étais en place cela m'a coûté 1.000 livres sterling de plus que mes souscriptions de 30.000 fr.

Dans ce récit, j'ai parlé de 200 cavaliers présents à la chasse le même jour. Je tournais facilement la difficulté de les servir, en ayant deux meutes qui chassaient dans des endroits différents. Par exemple : le mardi, il y avait chasse au renard à Uzein et drag à Bordes, et ainsi de suite.

Le piqueur et le valet de chiens furent seuls autorisés à traverser les champs de blé ; et, si le renard était sauvage, les chiens pouvaient traverser, sinon on les arrêtait en attendant l'arrivée des chasseurs.

Si un délinquant galopait sur du blé, on arrêtait les chiens aussitôt que possible et les camarades étaient sans pitié pour le coupable.

Dans ces dernières années, la façon dont j'ai vu galoper les cavaliers sur du blé n'aurait pas été tolérée un instant en Irlande.

Il est bien entendu que de mon temps il y avait pas mal de cavaliers qui marchaient avec les relais de chevaux et arrivaient au bout de la chasse, sans avoir passé un seul obstacle.

« No jealousy mars the joys of the chase. »

(En Angleterre. tous les spectateurs sont les bienvenus).

Les P. H. Modernes

sous le mastership

de C. H. RIDGWAY esq.

par

THYA HILLAUD

TALLY HO, GONE OVER

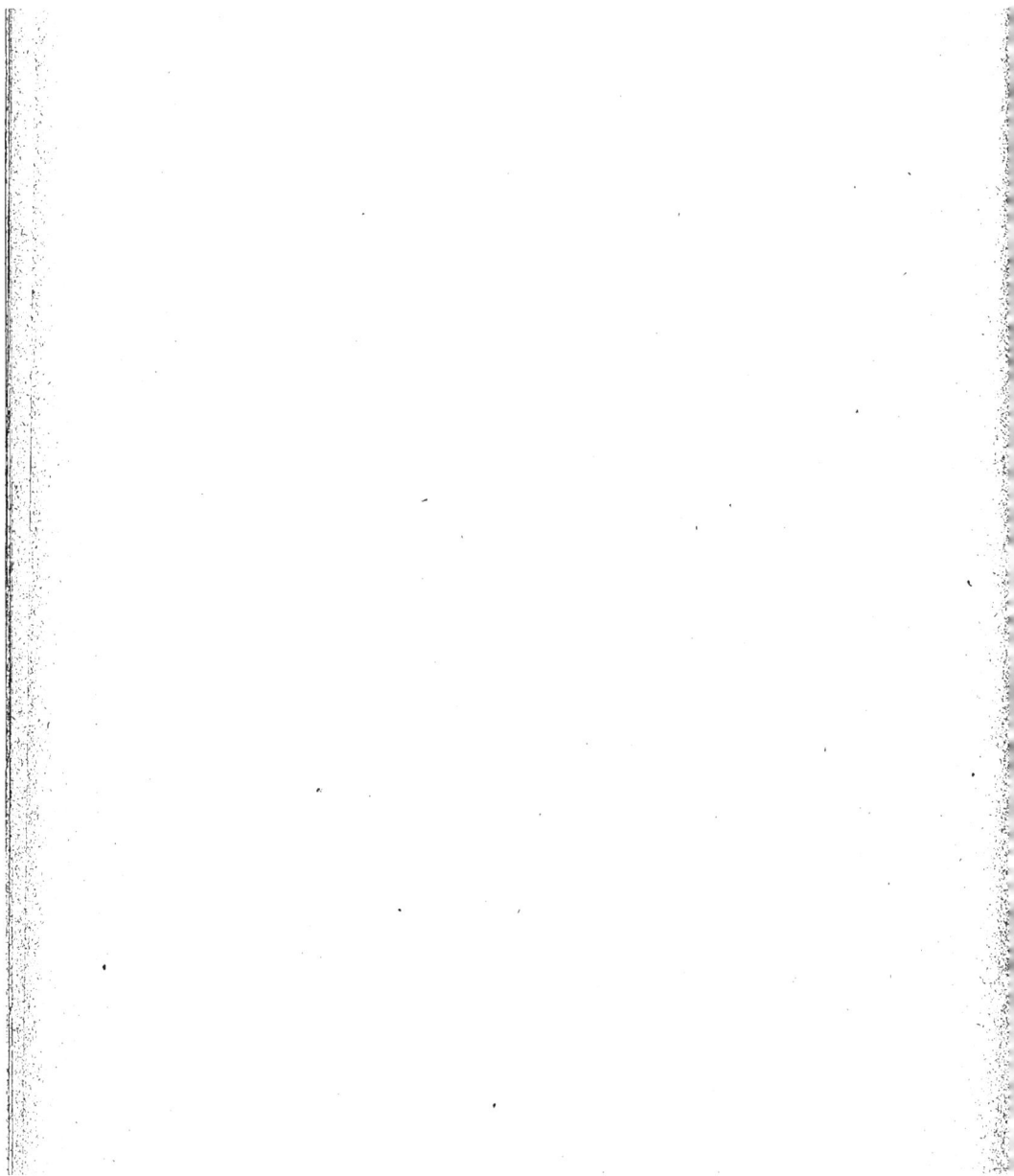

II

Les P. H. Modernes

Table des Chapitres

I

•

Avant-Propos

Le Béarn a de tout temps été un pays de *sport*. Bien avant que le mot ne soit venu d'Angleterre, on y pratiquait la chose. Les courses de chevaux y florissaient déjà en 1150. Il existe un cartulaire de Morlàas, où Gaston IV de Foix, mort en 1170, règle la contribution de la ville à ces fêtes hippiques : pendant trois jours le vainqueur et deux hommes de suite étaient hébergés gratuitement au prieuré.

Gaston Phœbus, dans son livre de vénerie, commencé en 1387, et dédié à Philippe le Hardi, duc de Bourgogne, parle des chasses qu'il faisait dans le pays. Sa capitale était Orthez.

En 1815, Wellington, pendant les trois mois où l'armée anglaise campa dans le Bordelais, avait son quartier général à Orthez et chassait avec la meute qui ne le quittait jamais. C'est là qu'il eut l'aventure, rappelée par un tableau historique qui représente le général anglais, tombé dans une embuscade, se défendant à coups de pistolet, contre des hussards français qui avaient interrompu sa chasse.

Mais c'est en 1840 que les véritables chasses au renard à la mode anglaise furent établies en Béarn et elles n'ont pas été interrompues jusqu'à nos jours.

Dans la première partie de cet ouvrage, j'avais essayé de rendre aussi strictement que possible l'œuvre de Lord Howth, qui va jusqu'en 1892. Je vais maintenant m'occuper du Pau-Hunt moderne, tel que se présente l'équipage sous le Mastership de M. C. H. Ridgway.

Composition de l'Équipage des P. H.

en 1906

LES TERRAINS
DE CHASSE

Ils ont beaucoup changé depuis l'époque de Sir Harry Oxenden. Sans revenir sur les expressions de : Old England, New Departure, Home District, etc., dont parle Lord Howth, je puis dire que le terrain de chasse actuel va de Ger (26 kil.), à l'Est, à Mazerolles (22 kil.), à l'Ouest, montant au Nord jusqu'à Claracq (30 kil.) avec une tendance à gagner toujours dans cette direction à cause des cultures et des fils de fer qui augmentent autour de la ville.

Au Sud, il reste surtout le parcours de drag d'Oloron, toujours très suivi avec ses parties si différentes, l'une de murs en pierre et l'autre de lande et de haies, et le drag dit de Barzun vers Lourdes.

LES
OBSTACLES

La lande, formée de touyas, dont le sol moelleux se prête aux excitations, sans crainte pour les jambes des chevaux, entoure Pau d'un idéal terrain de chasse, pour les cavaliers qui aiment à galoper bon train sur des obstacles sérieux et variés.

En Bretagne seulement, entre Dinan et Pontivy, on peut trouver l'équivalent des obstacles de Pau. Ce sont des talus, clôture traditionnelle de tous les champs, d'une variété inépuisable avec l'apparence d'être toujours le même obstacle.

Pour faciliter l'écoulement des eaux, de multiples rigoles se croisent dans les champs, tout petits en général, et vont rejoindre les fossés qui sont au pied des talus.

Le talus paraît très impressionnant à première vue, surtout lorsqu'il est couronné d'arbres destinés à maintenir la terre. On ne voit jamais ce qu'il y a derrière et cette incertitude devient très vite un charme de plus.

En dehors du fossé, tantôt devant tantôt derrière le talus, et souvent même des deux côtés, ce qui fait appeler ces obstacles *un double*, il y a des *tombeaux*. Ce sont d'anciens chemins d'exploitation abandonnés, ravinés, qui servent d'écoulement aux eaux de la lande, et il y en a beaucoup, surtout à Auriac. Ces chemins sont bordés d'un talus de chaque côté et forment des fossés d'environ trois mètres de largeur sur autant de profondeur, précédés et suivis d'un fossé et d'un talus ordinaire. Il faut avoir le cœur bien attaché pour les aborder la première fois sans fermer les yeux.

Les passages de route, avec *contre-bas* souvent très élevés, où le cheval se reçoit sur des cailloux roulants pour repartir de suite sur un *contre-haut*, sont aussi très impressionnants. Il y a aussi de belles barrières, de bonnes rivières, généralement précédées et suivies de rigoles et des haies avec fossés devant ou derrière.

En résumé, suivant l'expression favorite de Sir Arsheton Smith, il faut souvent à Pau « jeter son cœur par dessus l'obstacle si l'on veut que le cheval passe ».

Le Master

Sir H. Oxenden fut remplacé en 1817 par J. Cornwall ; en 1852, les frères Standish se transportent à Soumoulou, puis viennent : R. Power (1856-61), Captain Alcock jusqu'en 1868. M. Liwingstone, américain, garda les chiens jusqu'en 1874, remplacé par W. G. Tiffany and Storey (1) (74-75) ; Major Cairns (75-78) ; The Earl of Howth (78-79), dont nous publions le livre en tête de cet ouvrage ; John Stewart (79-80), à qui la société doit son existence légale ; J. Gordon-Bennett (80-82), le propriétaire-directeur du *New-York Herald* ; T. G. Burgess (82-83), qui chasse toujours et dont lord Howth fait un éloge si mérité ; Neilson Wintrop (83-84) ; F. W. Maude (84-85), qui était lui-même son propre huntsman ; Sir Victor Brooke, qui laissa la réputation d'un gentleman accompli dans tous les sports (85-88) ; W. K. Thorn, l'un des meilleurs cavaliers encore existants (88-90) ; Lieutenant-Colonel Talbot Grosbie (90-91) ; F. W. Maude (91-93) ; Baron Lejeune (93-96) ; Baron d'Este (96-99) ; Baron d'Este et C. H. Ridgway (99-1900) ; Baron d'Este (1900-1901) ; C. H. Ridgway (1901-1903) ; C. H. Ridgway et J. H. Wright (1903-1905) ; C. H. Ridgway depuis 1905 (2).

---

(1) C'est sous son mastership qu'eut lieu le seul accident mortel arrivé à Pau depuis la fondation de l'équipage. Il sortait souvent avec dès chiens à lui, en dehors des jours de la société, avec un de ses amis, M. Storey, aussi enragé que lui. Un jour ce dernier voulut sauter une très haute barrière malgré le propriétaire du champ, qui l'ouvrit au moment où le cheval était lancé. Il s'en suivit une chute terrible qui coûta la vie à M. Storey.

(2) Le peintre anglais si connu Allen Sealy a fait, en 1907, un grand tableau représentant l'équipage passant un gué. Ce tableau contient près de 50 portraits très ressemblants et fait le plus grand honneur à son auteur. Il est destiné à être placé dans le hall de la villa que M. Ridgway est en train de faire construire aux allées de Morlàas.

La municipalité donne à l'équipage une subvention de 20.000 francs, en dehors du chenil.

Le Comité des chasses garantit au Master of hounds la somme de 50.000 francs, si les souscriptions volontaires n'atteignent pas ce chiffre.

Tout étranger, venant suivre les chasses, donne ce qu'il veut, suivant ses moyens ou sa bonne volonté. .

Toute personne ayant payé 400 francs au moins est sociétaire et a le droit de porter le bouton de l'équipage.

La chasse au renard est un *plaisir de roi* « une image de la guerre avec seulement 25 pour 100 de ses dangers » a dit Jarrocks.

M. C. H. Ridgway, l'actuel master of the Pau hounds, mène la chasse avec une correction impeccable ; peu de paroles ; à peine de temps en temps un petit coup de trompette pour remettre les choses au point ; un mot bref rappelle à ceux qui s'écartent que la *voie doit être libre devant les chiens*.

Il fait preuve de toutes les qualités de son rôle : tête bien organisée, esprit d'observation, résolution subite, force de constitution, activité du corps, bonne oreille et bonne voix.

Ce n'est pas tant chasser, qu'il faut, mais bien chasser. Et le master des P. H. le sait. Il lui est impossible de passer les obstacles derrière les chiens ; malgré cela, dans un pays très accidenté, il est si au fait des habitudes et des ruses des renards qu'il est toujours à la chasse, sans jamais beaucoup sauter. Il est du reste aidé par des chevaux excellents et par un groom adroit qui lui ouvre les barrières.

Pour être à la chasse il n'y a pas toujours besoin de marcher sur la queue des chiens. Le renard court en général dans le sens du vent, quelquefois au plus près (1), presque jamais contre lui. Il n'y a d'exceptions que, lorsque près d'être rejoint, il étouffe et cherche l'air. Alors il ira, pendant quelques centaines de mètres, droit contre le vent pour se rabattre ensuite, vers *la gauche* généralement.

On a donc plus de chances en se maintenant à bon vent et un peu en arrière. A chaque crochet les chiens se rapprochent de vous. Mais

---

(1) Expression de marine qui signifie : courir en travers du vent.

il faut aussi une chose qui ne s'apprend pas, c'est *l'instinct naturel* de la chasse.

En fait, l'équipage est merveilleusement *bien tenu, très bien mené et coûte cher* au M. H.

TENUE

La tenue est rouge, col vert, gilet paille pour la chasse, et toute verte pour les drags ; la culotte blanche et les bottes à revers dans tous les cas.

BOUTON

Le bouton est doré et porte les lettres P. H. entrelacées (Pau hounds), avec, en abyme, un renard passant au galop.

CHENIL

Après avoir été à Ibos, puis aux Bordes de Soumoulou, et à Beverly Cottage (qui appartient actuellement à Miss Cushing), le chenil est placé au 5e kilomètre sur la route de Morlàas. L'établissement, qui est superbe et couvre une surface de trois hectares, appartient à la ville de Pau. Il lui a été donné, tout agencé, par Madame Torrance, mère de l'infortuné gentleman, tué en 1885, à la Croix de Berny, en souvenir de son malheureux fils, pour y mettre les chiens de l'équipage.

Situé au bord de la route, ce chenil contient des places pour 80 couples de chiens, 8 chevaux et les logements du personnel. Il y a aussi une salle, dite de chasse, où sont les portraits des anciens M. H.

CHIENS

Les chiens y sont actuellement au nombre de 60 couples, à peu près autant de mâles que de femelles. Les « ladys » sortent à part.

Ces chiens sont superbes, très bien choisis, et sortant des meilleurs chenils d'Angleterre. Leur taille varie de 22 pouces pour les chiennes, qui passent pour être plus vites, à 25 pouces pour les mâles.

Ils ont, en général, beaucoup de type et d'espèce, l'échine courte, la poitrine large et profonde, la cuisse longue, la jambe droite, le pied rond (de chat) (1). Ils sont très bien mis, obéissants, jamais couplés ;

---

(1) Il y eut autrefois de grandes discussions pour savoir ce qui était le meilleur pour un chien d'avoir un pied de *chat* ou un pied de *lièvre*. Je crois que cela dépend du sol des pays de chasse.

l'éducation qu'ils reçoivent augmente énormément leurs facultés natives. Il est très rare qu'ils se fassent écraser ; et j'ai souvent admiré leur adresse à passer à travers une colonne de chevaux en mouvement.

Rien ne vaut le coup d'œil d'un rendez-vous au chenil par un beau temps. Le *huntsman* se place sur la lande, à cheval, et face aux portes. A un signal donné, celles-ci sont ouvertes ; les chiens se précipitent et entourent leur maître. Un petit coup de trompette, et le tout démarre, se dirigeant vers le champ d'attaque, les *whips* maintenant la meute à droite et à gauche.

En chasse, l'égalité de pied des chiens est très remarquable. Presque toujours la meute pourrait être couverte d'*un drap* même quand ils courent comme une volée de pigeons (streaming away). Ce résultat n'est obtenu qu'en rayant impitoyablement tous ceux qui ne sont *pas* ou *plus* de pied. Quant à ceux qui sont trop vite et prennent la tête, on les réserve pour les drags.

Les chiens sortent trois fois par semaine pour la chasse et une fois pour un drag.

HUNTSMAN

L'équipage est dirigé avec la plus grande correction par Walter Smethurst, anglais, qui est à Pau depuis 18 ans. Il a sous ses ordres deux whippers in ou *whips*. Aucun d'eux ne s'occupe des chevaux, qui sont sous la direction d'un piqueur.

Le personnel est complété par Pascal dit Pascalou, ancien huntsman, depuis 1860 à l'équipage, pour le moment chargé de tout ce qui concerne les renards ; et deux hommes de corvée pour les gros ouvrages.

Les hommes ont la tenue décrite plus haut. Le *huntsman* seul est muni d'une petite trompette en cuivre, ne donnant qu'une note. Les *whips* ont en sautoir une étrivière (qui sait à combien de chasseurs cette étrivière a pu être agréable et utile ; il faut avoir chassé à Pau pour pouvoir s'en rendre compte) ; ils ont aussi un couple en fer, attaché à la selle, et qui sert principalement à fixer les têtes des renards tués que l'on rapporte au chenil.

HUNTERS

Je mets en fait qu'il y a actuellement à Pau un lot considérable des plus beaux chevaux qu'il soit possible de voir réunis dans un même endroit.

Le *field* comprend toujours 60 à 80 cavaliers à chaque réunion et vraiment le spectacle est unique, en France du moins.

D'abord il faut poser le principe de la différence qu'il y a entre les deux mots : « hunting » et « vénerie ».

Le proverbe dit qu'en *Angleterre*, on chasse pour monter à cheval ; tandis qu'en *France* on monte à cheval pour chasser. Je crois que dans les deux pays il y a beaucoup *d'amateurs* et peu de *vrais passionnés* ; mais les *amateurs anglais* ont certes le cœur bien mieux attaché que les nôtres en général. Il est cependant injuste de dire, après cet Anglais contemporain de Foudras, que la Nation anglaise est seule *chassante*, tandis que la Nation française est seulement *dansante.*

> La tête d'un serpent, la peau d'une souris,
> L'œil d'une gazelle, brillant, grand, doux et brun,
> Un dos fort, un rein court à porter la maison,
> Des membres pour l'enlever par dessus la ville.

a dit Whyte Melville en parlant du parfait hunter ; je me permets d'y ajouter quelques mots de description :

« D'abord, des bons yeux, d'excellents poumons, et énormément de sang (plus il a de poids à porter, plus il lui faut de sang pour donner le coup de collier nécessaire de temps en temps).

La taille moyenne de 15 mains (1m52) à 16 mains (1m63) est la meilleure dans tous les pays et avec tous les poids.

Le bon hunter doit surtout avoir :

1o Le garrot élevé et rejeté en arrière, les épaules longues et inclinées (c'est avec les épaules que l'on saute), afin de pouvoir *s'enlever* aux obstacles, et non y *piquer*, comme le font tant de chevaux plaisants à l'œil lorsqu'ils sont arrêtés ;

2o Les hanches et le bassin très larges, l'arrière-main plus *basse* que l'avant-main ;

3o Les canons et les paturons le plus courts possible ; les aplombs *droits*, plutôt *cagneux* que *panards* ;

4o Les cuisses et les avant-bras le *plus longs* possible.

Avec cela, s'il a des gros os, je ne m'occuperai ni de sa tête, ni de son encolure (surtout si elle n'est pas trop longue) ; s'il est d'une taille moyenne permettant facilement de monter dessus et de mettre pied à terre (la mode actuelle ne laissant pas un brin de crinière aux chevaux), il ne restera plus qu'à le faire marcher : s'il *marche bien* c'est qu'il est *bien conformé.*

Il faut aussi qu'un bon hunter ait une bonne bouche, soit facile à conduire, mette son nez par terre dans la lande pour regarder où poseront ses pieds. Il doit être exercé à connaître la voix de son maître et à y avoir confiance, à le suivre librement sans tirer au renard et sans foncer sur lui à un obstacle. Cela peut être très utile à Pau et ailleurs dans bien des circonstances.

Un autre dressage est celui qui, au contraire, consiste à faire passer son cheval devant soi, dans les mauvais endroits ; témoin ce gros et lourd fermier, Abraham Cawston, qui chassait avec les *South Essex hounds*. Dans les cas difficiles, il descendait et son poney prenait les devants, suivi par son maître qui le tenait par la queue.

Les chevaux de l'équipage viennent d'Angleterre et sont très bien choisis. Ils sont au nombre de 18 ; 6 pour chacun des trois hommes à cheval ; plus 4 de harnais ;

Le Master a en outre pour lui une dizaine de chevaux de premier ordre ; ils sont tous faits à merveille, avec un bouquet, une légèreté d'avant-main, un modèle toujours le même qui fait dire aux Palois (1): « un hunter genre Ridgway », lorsque l'on veut parler d'un animal d'un beau type.

L'écurie de chasse est sous les ordres d'un piqueur, Salvatore, italien très soigneux, à Pau depuis 20 ans ; il y est venu comme groom du feu Comte de Bari, frère du rói Ferdinand de Naples, qui fut dans le pays plusieurs saisons de suite.

Autrefois les chevaux étaient vendus à Paris, chez Chéri, tous les deux ans. Cette coutume avait surtout l'avantage de permettre à un certain nombre de membres de l'équipage de vendre *cher*, sur leur *réputation*, des animaux en général impropres au service que l'on avait à leur faire faire dans les environs de Paris ; les uns parce qu'ils étaient chauds et odieux dès que l'on voulait les faire aller en dedans de leur action ; les autres parce que, très usés, ils n'auraient pas supporté l'examen d'une vente à l'amiable ou d'un essai loyal.

Cette pratique a été abandonnée depuis que M. Ridgway est seul Maître d'équipage, et à juste titre. La plupart de ces chevaux anglais, n'ayant jamais sauté de talus avant leur arrivée à Pau, doivent subir un dressage complet. Il y en a de moins intelligents ou de moins

---

(1) Palois — habitants de Pau.

adroits qui *peinent* sur les obstacles toute la première saison ; ce sont souvent les meilleurs après, lorsqu'ils ont bien compris leur ouvrage. On les vendait donc, au moment où ils pouvaient être le mieux dressés, sans compter le travail inouï pour les hommes de recommencer tous les ans le dressage d'une trentaine de chevaux.

L'organisation de la chasse est complétée :

BREAK
꽃

I. Par un break à trois chevaux de front, qui sert à transporter au rendez-vous les chiens et les hommes ;

TRAIN
꽃

II. Un chemin de fer à voie étroite est utile dans certains cas. Il comporte des wagons-écuries construits comme en Angleterre ; les chevaux y sont placés par quatre, deux à chaque bout, séparés par une cloison mobile et matelassée ; au milieu une loggia pour les hommes. La paroi entière du wagon se rabat et forme pont volant, ce qui permet partout de débarquer à pleine voie.

CARRIOLE
A RENARDS
꽃

Pascalou a aussi une carriole pour transporter les renards qui sont placés sous une bâche, chacun dans un sac pris à un crochet pour éviter les heurts et les secousses, un peu dans le genre des sacs à furets en plus grands.

INDEMNITÉS
꽃

Les indemnités à payer, qui sont souvent très fortes, pour bris de clôtures, dégâts dans les champs cultivés, etc., sont réglées à l'amiable par un intelligent marchand de fourrages, nommé *Bonnecaze*, qui sait très bien faire avec les naturels du pays.

IV

Quelques expressions de vénerie anglaise

avec leurs correspondants en français

Brush. — Le balai (1) du renard ; c'est lui dont on fait les honneurs. Le huntsman s'approche de la personne désignée par le M. H. et accroche la queue dans la sangle de la selle (ceci à cause de l'odeur).

Breast high. — La voie est bonne, les chiens n'ont pas besoin de baisser la tête pour en avoir connaissance.

Burning scent. — Voie brûlante.

Carry a good head. — La voie est très bonne, tous les chiens sont ensemble.

Corway, coup, coup, corway. — Allez à lui, allez.

Cover hoick. — Cri du piqueur pour encourager les chiens à entrer dans un couvert.

Cold hunting. — Mauvaise voie, les chiens sont en défaut tout le temps.

Follow them follow. — Au Cout ! pour : écoute à la tête.

Flying your fences. — Voler par dessus les obstacles.

Field. — La réunion des cavaliers qui prennent part à la chasse.

Full cry. — Toute la meute chasse ensemble et vite.

Garaway bock. — Rentrez à la meute.

Go back, hounds, go back. — Au retour, mes beaux.

---

(1) En vénerie on appelle *balai* la queue d'un loup et celle d'un renard, par allusion à leur position qui balaye la terre derrière eux. D'où le mot anglais.

Holding scent. — Voie mauvaise, les chiens chassent doucement. Les amateurs de vitesse sont furieux.

Heel. — Quand les chiens prennent le contrepied.

It was a gallant Fox. — Un très bon renard, qui a fait une belle chasse.

Line hunters. — Chiens qui ne s'écartent pas de la voie.

Métal. — Quand les chiens très frais se récrient et galopent sans voie.

Mute. — A la muette. Chiens qui chassent sans dire un mot.

Lifting. — Les chiens ayant perdu la voie, le huntsman les enlève et leur fait faire le *tour de sa cape.*

Scent. — La voie ou la piste. Le mot anglais est plus expressif que le nôtre, car il évoque en même temps l'idée de cette traînée d'odeur, laissée par l'animal de meute, qui permet aux chiens de suivre la ligne.

Sinking the Wind. — Chasseur allant sous le vent pour entendre les chiens.

Streaming away. — Les chiens courent comme une volée (de pigeons).

The burst. — Le lancer.

They burst him. — Ils le tuèrent sans défaut.

Tally ho. — Tayaut, la vue.

Tally ho, gone away. — Débûché. La personne qui pousse ce cri doit lever son chapeau, pour que, dans un champ nombreux, le huntsman puisse voir la direction.

Tally ho, over. — Quand le renard saute une route.

Yor over, yor over. — Ah ! valets ! ! ! se dit aux chiens qui quêtent dans les couverts.

Wo hoop. — Hallali quand le renard est pris. La curée vient de suite après. Le huntsman coupe avec son couteau deux nerfs placés à la naissance du balai du renard, pour permettre à celui-ci de glisser sur les os. Puis, les bras tendus, il élève le corps de l'animal au-dessus de sa tête ; et, après l'avoir balancé deux ou trois fois, le lance au milieu des chiens.

V

La Chasse

Si vous avez la chance, disent les Anglais, d'avoir en même temps un bon cheval, bien à votre poids, un bon départ et 30 minutes de galop vite derrière les chiens, vous pouvez vous estimer très heureux.

La chasse anglaise est un sport vraiment royal. Une seule ombre au tableau, c'est l'absence de musique. Point de ces joyeuses fanfares si si chères à l'oreille du veneur français. En revanche l'hallali est court et la curée très vite faite ; ce qui a son charme pour ceux qui craignent le fâcheux refroidissement après une rude chevauchée. Beaucoup de personnes pensent que, si notre chasse à courre est un art, le *hunting* en Angleterre n'est qu'un prétexte pour galoper et sauter les obstacles : Cela n'est pas exact. La chasse au renard est un art difficile, seulement tout le monde ne s'y adonne pas avec la même ferveur ; il y a beaucoup de sporstmen qui suivent les chiens de près, non pour voir comment ils chassent, mais pour avoir le plaisir de sauter le plus d'obstacles possible ; ceux-là sont des *hard riders* qui ne demandent aux chiens que d'aller vite. « Il n'y a pas d'endroits que l'on ne puisse passer au prix d'une chute », disait M. Assleton Smith.

Une deuxième catégorie comprend les gens qui se préoccupent surtout de chasser et de bien chasser ; ceux-là ne sautent que quand ils ne peuvent pas faire autrement.

Enfin, il y a ceux qui sont veneurs et qui aiment en même temps l'obstacle.

Whyte Melville, dans un chapitre célèbre de ses *ridings collections*, a donné un grand nombre de préceptes pour la chasse, dont je ne citerai que deux ou trois : « Avant tout, n'ayez pas vos yeux dans votre poche pour prendre un bon départ, ne pas marcher sur les chiens et ne pas faire de pas inutiles autant que possible. — Le renard court en général dans le sens du vent, réglez-vous là-dessus pour vous maintenir un peu en dessous de la chasse et vers une de ses ailes. »

Cette dernière saison (1906-1907) fut particulièrement remarquable par le séjour que fit à Pau Monseigneur le prince Louis d'Orléans et Bragance, qui était l'hôte du duc et de la duchesse de Brissac, villa Graziella. Son amour du sport, la charmante simplicité de ses manières et l'affabilité de son accueil lui gagnèrent tous les cœurs ; d'autant qu'il se montra « one of the hardest that ever crossed a saddle ».

Le rendez-vous était l'autre jour à 15 kilomètres de Pau au bout de la grande lande de Sedzère, *cross roads* de Gabaston, à 11 heures 45 minutes comme à l'ordinaire. Le temps brumeux, un léger vent du nord-ouest très favorable à la voix, tout fait présumer une bonne journée. De rapides automobiles et des traps de différents modèles ont amené les sportsmen et les spectateurs. *The pack* (meute) est là, toute fraîche, venue en voiture : c'est le jour des chiens (1).

A midi précis, un petit coup de trompette, Walter, le huntsman, prend la tête et se dirige vers les touyas de Carret, ses chiens autour de lui.

Un temps de trot sur la route et il entre dans un champ. Tout de suite les chiens en refont et partent en se récriant. Tous les cavaliers sont déjà égaillés dans un pittoresque désordre. *Streaming away*, les chiens s'en vont comme une volée (de pigeons). « *Follow them follow*, crie Walter en sautant un tombeau. *The hard riding division*, nos officiers en tête, chargent à sa suite cet obstacle formidable. De l'autre côté, plusieurs chevaux sans cavaliers émergent après des efforts convulsifs, tandis qu'un ou deux restent au fond irrémédiablement *cast*. D'autres hésitent et passent une barrière ouverte par un gamin quelques pas plus loin, pendant que le chasseur prudent s'en va sous le vent, *sinking the wind* afin d'entendre les chiens.

Tout d'un coup plus rien ; les chiens sont tombés en défaut en arrivant sur le cailloutis d'Espéchède.

Il y a là des voitures qui ont dû faire rebrousser le Renard malgré les énergiques avertissements de Miss A. Hutton et de M. W. K. Thorn accompagnés du général Harry, toujours postés *on the likly places*.

Où est-Il maintenant ? (2) le huntsman enlève ses chiens et leur fait

---

(1) Les mâles (stallion hounds) et les femelles (ladys) sortent séparément.

(2) IL, c'est le Renard.

faire le tour de sa *cape*, comme dit Jorrocks. « *Hold hard gentlemen*, crie le Master, *give those hounds a chance* ». Traduction libre, Restez tranquilles un instant, Messieurs, que les chiens puissent retrouver la voie.

C'est un vieux malin que ce Renard ; il a fait un crochet dans un chemin, puis, coulant tout le long d'un fossé plein d'eau sous un talus, il cherche à prendre une avance avant de débûcher dans la lande. Voilà le vieux *Champion* (1) qui a connaissance de la voie. *The sent* est bon ; *Yor Over Yor Over*, fait Walter ! *Helmet* (2), qui remuait la queue depuis un moment, part comme un trait. C'est Lui ; le voilà retrouvé. Les chiens nous mènent en plaine et descendent à la rivière où ils s'arrêtent. Le Renard est passé ; il est même passé sur un pont de piétons où l'on ne pense pas de suite à aller le chercher, ce qui lui donne une nouvelle avance. Le courant est violent et large, le gué incertain ; Walter saute à l'endroit où les traces des chars à bœufs semble l'indiquer ; à ses côtés Mme Morgan, le Baron de Vaufreland, MM. Prince et Larregain tentent l'aventure. Aussitôt leurs chevaux sont à la nage et ce n'est qu'avec peine et mouillés jusqu'aux os qu'ils parviennent à gagner la rive opposée. Pendant ce temps M. Cramail essaye de passer plus haut mais son cheval est entraîné et roulé par le courant ; et c'est seulement après beaucoup de difficultés que le cavalier et sa monture peuvent être retirés de l'eau, épuisés et à demi noyés. Ce que voyant, le reste du *field*, guidé par la vieille expérience de M. Burgess et de son fidèle ami C. Morse, pense agir plus sagement en galopant à la recherche d'un pont praticable.

Pendant ce temps les chiens arrivaient à la ferme de Loustalère. Dans les cultures la voie est mauvaise, mais elle devient meilleure en approchant d'Ouillon. Un cri retentit sur la route : « *Tally ho gone away.* » C'est Victor, le fidèle cocher de Mme H. Hutton qui a vu le Renard descendant le marais, la tête tournée vers Soumoulou ; et toute la chasse s'engage sur une pente terrible, coupée de canaux pleins d'eau, terminée par un contre-bas sur une prairie verdoyante. Hélas ! c'est un marais !!! neuf chevaux s'y enlisent et servent d'avertissement à ceux qui les suivent. Debouts dans la vase traîtresse, MM. C. de Salverte et

---

(1) Nom de chien.

(2) Nom de chien.

le Commandant Dollfus encouragent de la voix et du fouet leurs montures aux suprêmes efforts pour sortir de ce mauvais pas ; tandis que M. Blocaille après un panache complet se relève couvert de la tête aux pieds d'un boue gluante et jaune (celle de Dax n'est pas plus tenace). Le passage de la route de Tarbes est superbe et on s'enfonce vers le Sud. A côté de Nousty les chiens tombent de nouveau en défaut et repartent au contre-pied jusqu'à la route de Tarbes. Ce n'est pas cela. Quelques coups de fouet. *Garaway bock*, crient les whips, *heel ! Coup coup corway*, fait le huntsman, et on retourne à l'endroit du défaut.

Acrobat (1) est en tête cette fois, mais tout de suite ce petit enragé d'*Helmet* le passe et s'engage dans le touya. *Follow them follow.* Nous voici repartis et bon train. En tête M. Joseph Barron, Sir John Nugent, M. Wright, le Duc de Brissac, le Colonel Brooke, le Comte du Bourg de Bozas, le baron de Palaminy, *all cutting out their worck.* De front avec eux, la Vicomtesse Werlé, sur son fidèle Numerus, Mme Chapman, Mme J. Barron et les Misses Platt, Potter et Herbert passent comme des oiseaux les grandes haies qui se présentent (*Flying the fences*). A plusieurs champs sur la gauche prenant seul sa ligne par horreur de la foule, le Vicomte d'Elva à hauteur des chiens laisse galoper librement sa grande jument grise.

« Odi profanum vulgus et ardeo », a dit Horace avant lui (2).

Au bout du village de Nousty, la voie fait un coude et remonte au Nord ; le Marquis de Saint-Sauveur charge avec son entrain endiablé un talus élevé et se reçoit dans un lavoir, à la stupéfaction horrifiée d'une bernadette qui lave son linge. De bons Samaritains, dont M. Larregain toujours présent quand il y a un coup d'épaule à donner, retirent le galant gentleman rider ; mais le cheval y restera jusqu'à ce que l'assemblée des *second horsemen* l'ait repêché à grand renfort de cordes, de palans et de bœufs.

La Princessse Wolkonsky, qui vient derrière, arrive sur le haut du talus. Son vaillant anglo-arabe « Ory », d'un coup de jarret précis et vigoureux, s'envoie à l'autre bord et franchit sans encombre ce précipice inattendu.

---

(1) Nom d'un chien.

(2) Je hais la foule et elle me met en rage.

Cette fois c'est bien lui, notre renard ! mais au passage d'un chemin il est pris à vue par un chien de berger qui le galope jusqu'à sa rentrée dans la lande. Les chiens s'en méfient et hésitent d'abord devant cette odeur inconnue. Néanmoins ils s'en vont *holding*, au pas. Les amateurs de vitesse commencent à grogner ; les autres sont enchantés de souffler un peu et de voir travailler les chiens. Les talus sont de toute beauté, on rencontre deux rivières et de belles barrières. Le renard va presque jusqu'à Sendets ; il passe en dessous d'un moulin, et se rase au sortir de l'eau dans un monceau de ronces. Les chiens le surhallent et vont plus loin ; pendant ce temps l'animal de meute, prenant son contre-pied, repasse l'eau et se dirige encore vers la route de Tarbes ; il aurait peut-être échappé si le Docteur Bagnell, rompu aux habitudes des renards, ne l'avait vu sortir de son fourré d'épines ; et un vigoureux *tally ho* ramène les chiens à la voie.

Nous retournons à la gare de Ousse, au canal, mais là ses forces trahirent son grand cœur ; les chiens le boulèrent sur le bord de l'eau à côté du village de Lée après un *run* d'une heure et demie remarquable de tous points.

Les honneurs du *brush* à Son Altesse Impériale et Royale Monseigneur le prince Louis d'Orléans de Bragance, qui, pas un instant, n'avait quitté la tête du *Field*.

Chasse du 20 février 1906

The Pau hounds have had a remarquable good season, but Tuesday the 20th February must indeed be market as a red letter day. The meet was 13 miles away. The Pack was vanned, a small pack in consequence, but also the smartest and quickest of the Ladies.

We dit not as usual try the fir trees, we drew on the right hand side of the Bordeaux road. Scarcely were the hounds on the line, that we knew that the scent was burning. Two sharp twists and they settled down, the fox taking the middle of the fields, the hounds giving plenty of music and dashing full of keedness at the big banks, the field a hard riding and jealous one bustling and cramming their horses to live with them.

It was a beautiful line, no trees, fine fair banks, no gaps, giving every rider a chance of picking out is own place. For ten minutes up to Miossens the hounds raced, then came a check or rather a momentary hover the first flight jumping in the middle of the hounds. A warning voice of the Master in the lane prevented their doing much harm and away went the beauties hunting and driving their fox on. The pace soon began to tell, and when we got near Sévignac many a good hunter had about enough. But, still the *Ladies* kept on, not so

---

Les P. H. ont eu une saison remarquablement bonne, mais on peut surtout faire une croix à la cheminée pour la chasse du Mardi 20 février dernier. Le rendez-vous était à 22 kilomètres. Les chiens y arrivèrent en voiture, en petit nombre par conséquent ; mais c'était la *fine fleur* de la meute des chiennes.

Sans nous arrêter au petit bois de sapins ordinaire, nous mîmes à la voie sur le côté droit de la route de Bordeaux. A peine les chiens sur la ligne, il nous parut que la voie était brûlante. Après deux petits crochets seulement, les voilà partis. Le Renard coupait les champs par le milieu, et la meute derrière lui prenait les plus gros talus, faisant une musique infernale et d'un tel train que les cavaliers se virent obligés de monter leurs chevaux à fond pour ne pas rester en arrière.

La chasse prit un parti superbe, de splendides talus sans un arbre, et une lande sans un trou, ce qui permettait aux cavaliers de prendre chacun sa ligne. Pendant 10 minutes la meute courut vers Miossens ; il y eut alors un léger *balancé*, ce qui permit aux chevaux de tête de sauter à peu près sur les chiens. Mais le Master, placé sur une route voisine, réprima d'un cri perçant, cette ardeur inconsidérée. Déjà « *les chéries* » repartaient à fond de train, poussant leur Renard d'une rude façon.

La vitesse s'accentua ; aussi, quand nous arrivâmes près de Sévignac, les

well together now but streaming and racing, scarcely one of them throwing her tongue on the top of the banks till they bowled over the gallant fox in an open field, after perhaps the most sporting 25 minutes ever seen in this country.

After having duly fraised the grey and the brown, been very friendly to those of our friends who had brought out flasks, we heed for a second fox to Auriac. This was a good straight backed one also as he stood in front of the hounds for upwards of an hour. We first hunted slowly and steadily for twenty minutes over the same country as in the morning, wen suddlently we came to a standstill and things looked badly.

The huntsman made one of Jorrock's patent all round my hat casts, but to no avail. He then took his hounds across a couple of fields and there along a boggy hedgerow, they hite of the line again and we hunted him over Gabas river, after wich the hounds got on better terms with him and finally killed close to the road near Sevignac.

We had then a fairish long ride to Auriac where we had left over automobiles and traps, and soon found ourselves in Pau, well pleased with the day's sport.

(*Old Leathers*).

(1) Cet article a paru dans le journal « the Field » la signature cache la personnalité du M. H. de Pau lui-même.

meilleurs chevaux commençaient à en avoir assez. Et « *ces demoiselles* » continuaient toujours. Elles n'étaient plus si bien ensemble, le peloton courait égrené, et c'est à peine si, de temps en temps, l'une d'elles donnait un coup de langue en arrivant sur le haut d'un talus ; jusqu'au moment où elles portèrent bas leur vaillant renard dans un découvert, après les 25 meilleures minutes de sport que l'on ait peut-être jamais eues dans ce pays-ci.

Après avoir beaucoup causé des exploits d'un tel et d'un tel, après avoir vivement apprécié ceux de nos amis qui avaient eu l'idée d'attacher une bouteille de chasse sur leur selle, nous retournâmes à Auriac chercher un deuxième Renard. Celui-ci se trouva être de premier ordre, car il tint devant les chiens pendant plus d'une heure. Pendant les 20 premières minutes il se fit chasser très tranquillement dans le même pays que le premier ; puis tout à coup nous tombâmes en défaut, et d'une façon qui n'annonçait rien de bon. Le Huntsman fit avec ses chiens, ce que Jorrock appelle « le tour de sa cape », mais sans succès. Il prit alors les *grands devants* à travers des marais et retrouva la ligne forlongée jusqu'au Gabas. Mais après avoir passé l'eau, la voie se réchauffa et le Renard fut pris le long de la route tout près de Sévignac.

On retraita gaiement sur Auriac, malgré la longueur du chemin. Nous y avions laissé les automobiles et autres véhicules qui nous ramenèrent rapidement à Pau, ravis de cette excellente journée de sport.

VII

Les Drags

« Les Anglais sont les plus hardis cavaliers du monde, et, après les Arabes, aucune nation ne sait mieux tous les prodiges de vigueur et d'adresse que l'on peut obtenir d'un cheval de grande race. Ils ont la patience, la ténacité, le mépris des périls et des intempéries au plus haut degré, qualités rares et précieuses sans lesquelles il n'existe pas d'homme de chasse vraiment supérieur. Ils ont aussi la passion, cette passion froide, profonde, impassible en apparence, qu'ils mettent à l'accomplissement de tout ce qu'ils entreprennent, et qui a fait d'eux un des plus grands peuples du globe. Ils possèdent tout cela et d'autres avantages encore d'un ordre moins élevé ; mais, sauf de rares exceptions, ils ne sont pas *Veneurs*, dans la rigoureuse acception du mot ; *Chasseurs* tout au plus, si par le mot *Chasse*, on entend seulement la poursuite acharnée d'un animal attaqué sans la moindre science et pris uniquement par le fait de la vitesse des vaillants chevaux et des chiens endiablés lancés sur ces traces. »

Ainsi parlait le marquis de Foudras dans sa troisième série de la « *Vénerie contemporaine* » parue en 1862 ; et ne croirait-on pas que c'est écrit d'hier.

Les Anglais ont depuis plusieurs années déjà délaissé le Béarn pour la plupart, mais ils ont été remplacés par leurs jeunes frères du Nouveau Monde, les Américains, qui ont hérité de toutes leurs qualités de courage et de ténacité, sans compter leur peu de goût de la *Vénerie* pure. Ils ont le désir de faire vite, car ils sont toujours pressés ; dans ces conditions le *Drag*, qui supprime même le simulacre de la recherche de l'animal de chasse, devait leur plaire énormément et de fait pendant de longues années le Drag fut en honneur à Pau. Il a l'avantage de pouvoir faire galoper encore derrière les chiens au mois d'avril, c'est-à-dire à une époque où les renards ne valent rien, ou sont impossibles à déterrer.

Voici essentiellement les caractéristiques de ce sport :

Un homme connaissant très bien le pays part trois quarts d'heure avant les chiens. Il attache à sa ceinture par une corde de deux ou trois mètres un bouchon de fumier sur lequel ont couché des renards, dont il a ravivé l'odeur avec une goutte d'essence d'anis. A un endroit convenu il met son bouchon dans sa poche, et supprime par conséquent la voie. Cela forme un *check*, c'est-à-dire un arrêt qui permet aux cavaliers de souffler un peu.

Le dragueur repart alors à quelque distance du check et refait un parcours à peu près égal. Le tout est d'environ huit kilomètres. Maintenant on ne lâche plus de renard, au bout du drag comme autrefois ; la piste s'arrête sur le bord d'une route en général et l'affaire est terminée.

Dans un article du journal le *Sport Universel Illustré*, paru au commencement du mois de février 1905, M. Romain raconte très justement l'impression qu'il a eue en voyant les cavaliers arriver à toute allure sur un chemin en contre-bas formant l'obstacle dit *passage de route.* Sans ralentir, les chevaux foncèrent sur le premier talus qui était à plus de 1m60 au-dessus du chemin ; du même élan, ils prirent terre et, après une foulée sur des cailloux, ils repartirent sur le contre-haut situé en face.

L'habileté de l'homme qui trace le drag consiste à couper tous les chemins à angle droit, de manière que l'on n'en trouve pas de parallèle à la voie, d'éviter les champs ensemencés, ou dont les propriétaires sont grincheux et enfin à apprécier les obstacles de façon à ne pas en donner à sauter qui soient au-dessus des moyens d'un cheval ordinaire. Les habitués mettent un point d'honneur à ne jamais quitter la voie des chiens et du reste c'est la meilleure façon de faire, car souvent en s'écartant on peut tomber sur un mauvais endroit que le dragueur aura évité avec soin.

Les Cross Countrys et Point to Point

Tous les ans, le dernier samedi de mars, Pau a sa journée du grand national steeple-chase, comme à Liverpool.

La réunion comprend quatre courses, dont deux réservées aux seuls hunters ayant chassé à Pau toute la saison (certificat du maître d'équipage). Une autre course est pour tous chevaux. Cette condition permettra, nous l'espérons, à la société de Biarritz d'envoyer aussi des chevaux.

Enfin la quatrième et dernière course se passe entièrement sur l'hippodrome et n'a pas de conditions spéciales.

Pour les autres, on a fait une trouée dans la clôture du champ de courses et tracé à travers la lande qui avoisine le bois de Pau une boucle avec talus et passage de route qui s'échappe vers l'Est et le Sud-Est, et revient aboutir au même point que la sortie, ce qui permet aux chevaux de commencer et de finir sur les pistes ordinaires.

Il y a tous les ans aussi un *point to point steeple-chase*, fait dans la vieille manière, celui qui arrivera le premier à un point donné. La direction générale est fournie par des mâts surmontés de drapeaux, et il y a deux places de premier, celui des *Heavy weiths* et celui des *Light weiths*.

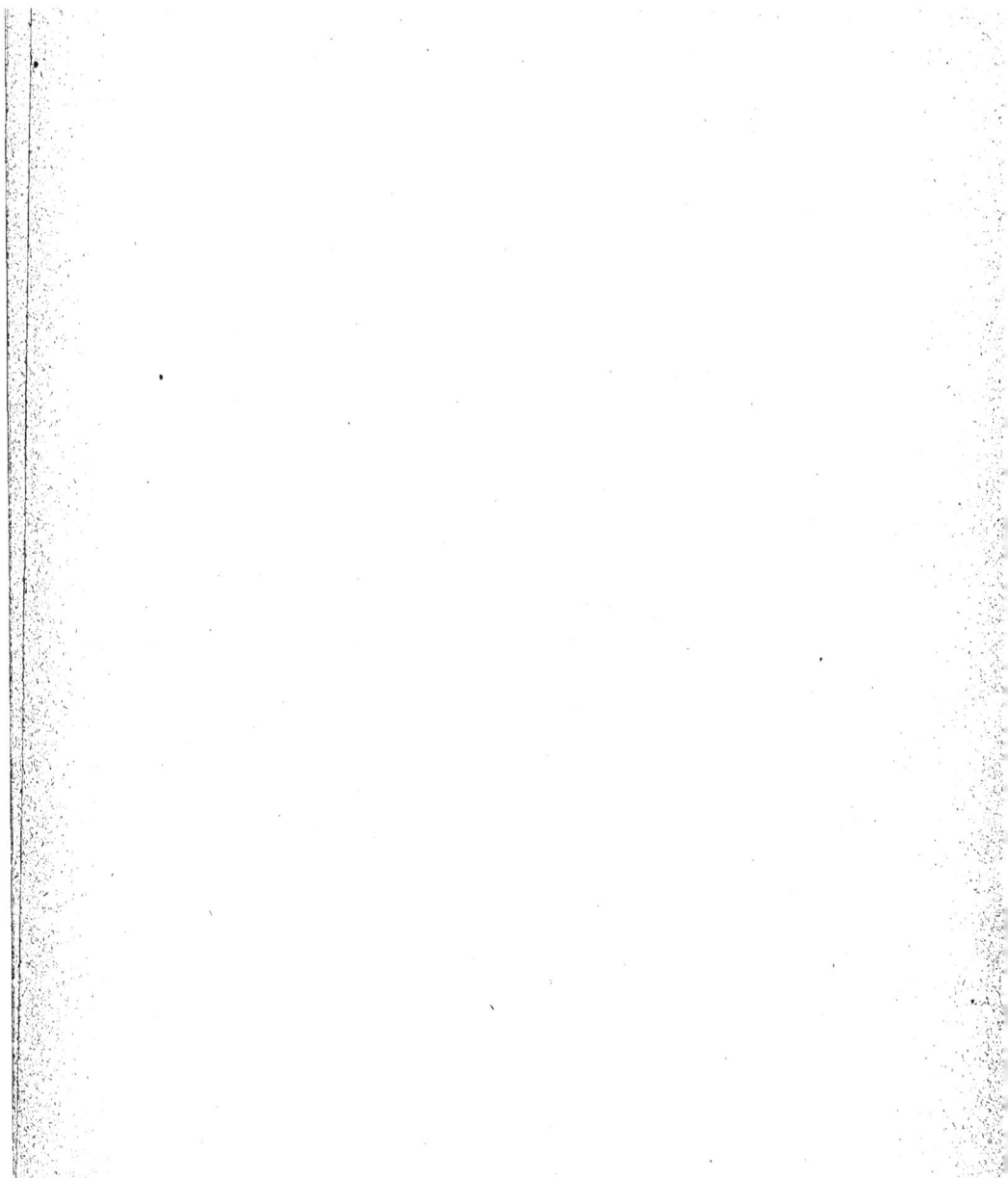

Match Hutton-Prince

C'est dans cet ordre d'idées que nous eûmes au mois d'avril 1906 une des plus belles manifestations sportives qu'il soit possible de voir.

Après une belle journée de chasse, on s'était installé dans la bonne auberge de Morlàas et chacun vantait les prouesses de ses hunters.

Tout à coup l'idée vint au *Prince* des sportmen de porter un défi à Miss Annie H. pour un match entre leurs deux écuries, à courir à Cross Country dans le pays le plus gros des environs de Pau, c'est-à-dire à Auriac.

L'intrépide sportwomen relève le gant.

Le jour choisi est le 3 avril.

Le prix consiste en une *coupe* d'une valeur de 2,000 francs, pour chevaux ayant chassé régulièrement pendant toute la saison à Pau, appartenant *bona fide* aux deux propriétaires, et montés par des gentlemen (certificat du maître d'équipage).

En outre un objet d'art au cavalier qui passera le *winning post* le premier.

L'écurie gagnante sera celle qui aura le plus de chevaux ayant terminé le parcours dans un délai de 15 minutes après le signal du départ. En cas d'égalité le classement se fera par points (règlement des matchs interscolaires d'Angleterre).

Le parcours, tracé par MM. Ridgway, Thorn et Larregain, est marqué par des drapeaux blancs et rouges ; les blancs doivent être laissés à gauche.

La distance est de 4,500 mètres environ.

Starter : le Master of the Pau hounds lui-même.

Juges à l'arrivée : W. K. Thorn et C. de Salverte.

Juges volants à cheval : le docteur Bagnell, le baron M. de Waldner, etc.

La nouvelle de cette grande manifestation sportive met la ville de Pau sans dessus dessous.

L'enthousiasme est indescriptible, le temps superbe. Aussi, dès la première heure, le jour fixé, la route de Bordeaux est sillonnée de voitures, véhicules de toute sorte, enfin d'automobiles, dont plusieurs de Biarritz. Tout le monde se rend à Auriac (22 kilomètres) où doit avoir lieu la course.

En arrivant, les yeux sont agréablement surpris par une tente énorme et ravissamment décorée qui servira à abriter les 150 personnes que M. Prince a invités à un lunch, avec accompagnement de musique après la course.

Un superbe programme contenant le topo du parcours est remis aux spectateurs ; il y a 53 obstacles à franchir, dont 3 passages de route et plusieurs tombeaux.

Une grande quantité de cavaliers et d'amazones se préparent à suivre les péripéties de la course.

Les couleurs de Miss A. H. sont écarlate, écharpe blanche, toque verte ; les riders de M. Prince portent la casaque paille, manches et toque roses.

Voici les noms de ces 12 intrépides et de leurs chevaux :

Ecurie de Miss A. Hutton.

1. *The Salmon*, monté par J. Barron.
2. *Russian Maid*, monté par P. Iturbe.
3. *Silver Mane*, monté par le Duc de Brissac.
4. *Lady Val*, monté par H. Jameson.
5. *Jim*, monté par le Baron H. de Vaufreland.
6. *Sissy*, monté par le Comte L. de Gontaut M. B. H.
   (Master of hounds de Biarritz).

Ecurie de M. H. Prince.

1. *Salhia*, monté par le Vicomte d'Elva.
2. *Martha*, monté par G. H. Wright.
3. *Gamin*, monté par le Baron de Palaminy.
4. *Porcupine*, monté par Auriol.
5. *Rêve d'Or*, monté par le Lieutenant Claire.
6. *Nil*, monté par le Propriétaire.

A midi un quart précis, le starter baisse son drapeau et la course commence. Peu après le départ, Porcupine tombe et son cavalier ne peut le reprendre. Sauf Salhia, tous font plus ou moins de chutes en cours de route. Le peloton finit assez égrené, Salhia en tête, **mais** comme il manque un cavalier jaune, la coupe reste acquise aux Rouges qui passent tous les six devant le poteau d'arrivée dans les délais réglementaires.

Le souvenir au cavalier du gagnant revient à Salhia, qui n'a pas fait une faute sur ce très dur parcours.

Après la course, tout le monde se réunit pour le lunch. A ce moment le feu prend à la lande environnante, par suite de l'imprudence d'un fumeur.

On se serait cru à Rome sous Néron.

Après quoi chacun rentra chez soi emportant le souvenir inoubliable de cette admirable journée de sport (1).

(1) Il a été fait de cette course un très bel album en couleurs par le Baron H. de Vaufreland, l'un des acteurs, plus apte que qui que ce soit à pouvoir juger les péripéties de ce « long et intricate ride ».

X

Discours du M. P. H. le 1er février 1906

Le 1er février précédent, il y avait eu un grand dîner au Cercle Anglais. Les membres de l'équipage offraient à M. H. C. Ridgway M. H. une Coupe que lui a présenté un des doyens, M. Forbes Morgan, en y ajoutant un très joli discours.

M. Ridgway, très touché de cette manifestation de sympathie, a remercié en ces termes les membres de la chasse :

« Messieurs, vous me comblez et vous me gâtez en m'offrant cette jolie Coupe. Je l'accepte avec reconnaissance. Lorsque je l'aurai emportée et qu'elle sera dans la salle à manger de ma nouvelle villa je la regarderai souvent car elle me procurera une émotion toujours nouvelle.

« Je verrai toujours en elle le témoin de l'entente et de la bonne camaraderie que vous m'avez toujours témoignées et qui ont rendu ma tâche si facile.

« Grâce aux subventions de la ville, grâce à votre générosité, Messieurs, et à votre amour du sport, nous sommes arrivés à mettre l'équipage au point où il en est aujourd'hui.

« Cette saison de chasse semble être la meilleure que nous ayons eue depuis que vous m'avez fait l'honneur de me nommer votre maître d'équipage ; espérons que cet état de choses durera longtemps et que les progrès de la culture et le hideux fil de fer ne viendront pas d'ici quelques années mettre fin à notre association.

« Mais écartons de nous ces sombres nuages. Faites comme moi, remplissez vos verres pleins, très pleins, et buvons à la prospérité de la chasse de Pau ».

Noms des Souscripteurs

MM.

Duc de Brissac.
Mrs Joseph Barron.
Joseph Barron.
Eustace Barron.
W. H. Bagnell.
Butler Brooke.
Thomas Burgess.
Maurice Bernhardt.
Comte J. de Castellane.
René Cramail.
Mrs Wilfrid Chapman.
Comte d'Astorg.
Vicomte d'Elva.
Maurice-Raoul Duval.
Miss Herbert.
Miss A. Hutton.
H. A. Hutton.
Augustus Jay.
Frank Jameson.
Herbert Thorn-King.
Captain F.-J. Newton-King.
Comte de Lesterps Beauvais.
F.-C. Lawrance.
Baron Lejeune.
Mrs W. Forbes Morgan.
R. de Labusquette.

MM.

W. Forbes Morgan.
C.-J. Morse.
George Munroe.
George Messervy.
Comte de Miramon.
Sir John Nugent Baronnet.
Livingstone Oakley.
Frederick H. Prince.
Baron de Palaminy.
Captain F.-T. Penton.
Sydney Platt.
Miss Margaret Potter.
Wadsworth Rogers.
F. Roy.
Charles de Salverte.
Ludovic de Sinçay.
J. Grahame Stewart.
Capt. G. Falret de Tuite.
W. K. Thorn.
Baron de Vaufreland.
Vicomtesse Werlé.
J. H. Wright.
Princesse Alexandre Wolkonsky.
F. S. Yturbe.
M. A. Sorchau.
Baron M. de Waldner.

PAU
IMPRIMERIE VIGNANCOUR
H. MAURIN, Imprimeur.

www.ingramcontent.com/pod-product-compliance
Lightning Source LLC
Chambersburg PA
CBHW062026200326
41519CB00017B/4945